设计一所好幼儿园

大夏书系 全国幼儿教师培训用书

吴启建 / 主编

幼儿园
空间设计
攻略

华东师范大学出版社
·上海·

编 委 会

CONTENTS

序 一

建筑设计藏着教育的灵魂

　　100 多年前，幼儿园首次作为一个教育机构得到公认。尽管在建筑学领域，强烈的社会意识在不断发展——那是现代建筑运动与生俱来的产物，但建筑与幼儿园的教育理论和实践之间的关系并没有真正建立起来。因此，多年来，幼儿园建筑是功能至上且枯燥乏味的。

　　随着认知发展心理学、神经科学、脑科学等学科中关于儿童发展研究的不断深入，我们逐渐认识到，儿童通过感官接收到的信息对于他未来的发展是至关重要的。当前，包括心理学、教育学在内的多个学科已经讨论了建筑设计对年幼儿童行为的影响，越来越多的建筑师在规划设计幼儿园的过程中开始对以适应儿童心理和生理发展需求，以及教育需要方面予以充分考虑。他们不仅仅是建筑师，还是教育工作者。他们期望通过对幼儿园建筑的设计来提升儿童的学习。这是因为，幼儿园是学习的地方而不是教课的地方，人类是学习的有机体，不需要被教导如何学习，而真正丰富的学习体验是在好的环境设计与优化课程的联结中开展的。这也就意味着，建筑师有责任重视儿童心理发展需求和教育方面的问题，并将这样的理念应用到有关建筑和设施的设计中。

　　翻阅《设计一所好幼儿园》这本书，我们看到了由厦门市翔安教育集团策划的幼儿园建筑案例，一些幼儿园的设计在达到国家关于幼儿园建筑设计的基本标准的同时，综合运用幼儿教育学、幼儿行为心理学、建筑学等相关学科理论，在遵循幼儿特有的认知规律和学习方式的基础上，努力创设了满足幼儿心理需求和活动需要，且有利于幼儿学习和活动的空间。书中从"园所建筑规划""公共空间利用""活动室设计""功能室创意""户外自主游戏区域设计""户外运动场地设计"六个方面展开了分析，可以说涵盖了幼儿园建筑规划和设计的各个方面。这本书对正在或即将进行新园建设或者老园改造的建筑师和教育工作者是一本比较实用的书，相信在阅读本书的过程中大家会受到一定的启发。

教育需要信念，需要坚守，需要创新，厦门市翔安教育集团在幼儿园空间规划与设计方面的探索还一直在路上，期冀他们的每一次努力和绽放。

中国学前教育研究会理事长
广西师范大学学前教育系主任、博士生导师
侯莉敏

序 二

一份不能错过的幼儿园空间设计攻略

　　为加快发展学前教育，缓解入园难、入园贵，满足社会对优质学前教育资源的需求，自 2011 年起，我国通过三期学前教育行动计划，落实地方政府的主体责任，持续扩大教育资源供给，逐年落实幼儿园建设项目。在这样的背景下，大量新建园或改建园如雨后春笋般涌出，大大提高了入园率。与此同时，随着教育体系的不断完善和教育理念的不断更新，课程改革的浪潮也不断席卷而来，社会和教育工作者对幼儿园的空间设计有了更多的期待，也提出了更高的教育功能和人文需求。严格的规范标准、先进的教育理念、合理的空间规划、和谐的装修搭配等均成为设计和施工中的重要因素。

　　当前，市面上关于幼儿园空间设计的书籍还比较少，现有的书籍或是仅从建筑学的角度出发，或是专注于一区一角的建设与规划，因此，当既往的设计理念面临快速的演变和发展时，幼儿园的空间设计到底应该如何进行构思？如何获得可借鉴、可参考的优秀设计范例？这些都成为业内关注的难点和热点。

　　本书是厦门市翔安教育集团吴启建总校长团队基于五年来规划、设计、建设 21 所新办幼儿园的宝贵经历而梳理、提炼出的幼儿园空间设计构思与建设实践，突破了既往空间设计中重视面积、功能、立面等技术层面元素而忽视幼儿园空间的教育和文化功能的问题。这是一份理念新、想法妙、功能强，能服务于儿童学习与发展，亦能关照人文色彩的"设计攻略"，能给全国的同行们带来不少启发点，对新园的建设或旧园的改造具有一定的参考价值。

首先，这是一份遵循行业规范的设计攻略。

科学与规范是幼儿园园舍规划设计的基本前提。本攻略所有空间设计均严格遵守《托儿所、幼儿园建筑设计规范》（JGJ 39—2016）（2019 年版）、《幼儿园安全友好环境建设指南（试行）》等相关设计规范。本书选取了翔安教育集团近年建设的部分优秀案例，从整体规划到局部细节，以翔实的数据和丰富的图文资料，对照相关规范要求，在平面设计、空间布局、生活用房要求、服务管理用房、供应用房、室内环境、建筑电气等方面均能体现对规范的遵守，为读者呈现幼儿园规划的不同范式，提供具体的、丰富的设备设施规范标准。

其次，这是一份凸显专业理念的设计攻略。

一所好的幼儿园应该是什么样的呢？幼儿园是儿童生活、游戏、学习的重要场所，他们是环境真正的"小主人"。全书始终坚持"关注幼儿学习与发展的整体性"和"尊重幼儿发展的个体差异"的重要原则，把儿童需要置于幼儿园规划设计的中心地位，充分考虑儿童心理特点和需求，着眼于为幼儿提供健康、丰富的生活和活动环境，满足幼儿多方面发展需求，凸显以儿童发展为本的教育理念，与现行的课程改革理念相契合。

最后，这是一份彰显匠心思考的设计攻略。

本书作者以管理者的视角，深入思考幼儿园园舍在幼儿教育发展中的意义和重要作用，并在实践中不断加以验证和总结，针对幼儿园空间设计中的重点、难点，尝试以新理念、新视角、新方法，探索符合当前实际的现代幼儿园建设之路。如在幼儿园空间设计中提炼生态理念、生活理念、安全理念、自主理念、多元理念等。从设计理念与原则、设计内容与规范、装修材料选择与利用等方面，本书通过具体案例分析，让读者感受到理论创新与实践创新，为广大学前教育工作者提供参考，开阔视野。

　　《设计一所好幼儿园》一书从整体规划到局部细节都介绍得十分详细，不仅能让你了解新时代的幼儿园设计思路，部分方案甚至可以说能让你"按图索骥"，避免了在遇到幼儿园项目规划时需要苦思冥想或久久不能下手。

福建幼儿师范高等专科学校附属第二幼儿园园长、正高级教师

福建省特级教师、福建省首批名园长

吴丽珍

序 三

设计好"创造人"的环境

　　设计一所好的幼儿园，意义在于创设适宜的育人环境，让幼儿受到熏陶，激励幼儿健康成长。在幼儿的认知能力中最先发展的是感知觉，感知觉的发展离不开与环境的互动。"人创造环境，同样，环境也创造人。"空间的布置和材料的运用是环境重要的因素，细小的变化在不经意间都有可能引起孩子的兴趣和思考。各种舒适的色彩，给幼儿愉悦的视觉冲击，能触发思维活动。自然角、语言区、建构区、美工区、益智区、科学区、角色表演区等区域的合理划分及运用可以令孩子发现自己的兴趣而产生学习欲望；便捷的活动和生活设施，可以给幼儿带来舒适和便利；科学的大型户外玩具、游乐场所、沙池水池，能给孩子提供丰富多彩的活动空间；贴近自然的田园风格以及童话般浪漫风格的环境，能给幼儿一种亲切和熟悉的感觉，不仅能激发幼儿的潜能和想象力，还能减少幼儿心里的陌生感，使幼儿流连忘返，舍不得离开幼儿园。幼儿园环境的绿化、美化、儿化、教育化，让幼儿在愉悦的心情中，主动参与学习活动，促进德智体美劳全面发展。所以环境是重要的教育资源。创设富有童趣、自然、灵动、优美、实用、安全的幼儿园环境，对幼儿的成长具有重要的意义。

　　设计一所好的幼儿园，重点在于空间的充分、科学利用。幼儿园不是普通的建筑，不是空间的容器，而是幼儿活动的乐园、成长的摇篮、灵魂的居所。作为幼儿生活、学习的重要场所，容纳着一群天真可爱的"小天使"的幼儿园，该如何设计呢？国家颁布了《幼儿园建设标准》、《托儿所、幼儿园建筑设计规范》（JGJ 39—2016）（2019 年版）等规范性文件，以及相关安全质量标准的有关规定，但幼儿园需要进行细化、优化、活化、美化。在规范和安全的前提下，设计师们包括参与筹建的园长和老师们，需要发挥想象力、创造力、表现力。幼儿园每一处空间、每一个角落，都是一幅美丽的童话般画卷、一个课程实施的场所。在城市化的今天，建筑用地面积有限，尤其是建立在城市中心的幼儿园，用地更是紧缺，有限的空间设计和空间利用考验每位设计者和筹备园长的智慧和灵性。幼儿园的空间设计，不管是室内还是室外，都要有方法和策略，要美观、简洁、安全、实用。

设计一所好的幼儿园，关键在于园长的办学思想和理念。首先，园长要有以幼儿为本，促进幼儿全面发展的理念。其次，要充分调研和利用幼儿园周边的环境、文化、资源。例如，靠近海边的幼儿园往往有海洋风、海洋特色；建在乡村的幼儿园可能会有一些田园的特色；位于城镇的小区配套幼儿园，其设计会根据所处的位置来考虑。翔安教育集团有一所厦航生活区配套幼儿园，起名"鹭翔"，既有厦门航空的"白鹭常相伴"之意，也有幼儿"人生鹭岛翔安起飞"的意思。园长热爱艺术，在幼儿园设计了肖邦广场、莫奈花园、森林剧场。作为厦航生活区配套幼儿园，设计时也融入了一些航空的元素，浅蓝色墙裙、门厅、走廊，代表了让幼儿的梦想飞翔在蓝天。在翔安教育集团，这种设计风格和特色见诸于绝大部分幼儿园，如吕塘幼儿园的古戏、古厝风格，福翔幼儿园的福路、福池和"五心"形象，滨海幼儿园的渔港小镇，海丝幼儿园的丝路步道和丝路长廊，科技幼儿园随处可见的生活科学区域角，胡萝卜基地田中央的许厝幼儿园的果园、花园和菜园等。

本书的出版凝聚了翔安教育集团一批园长的心血、汗水和智慧。她们是一群有理想、有情怀、有爱心、有能力的幼教人，在集团大家庭中相聚成一团火。除了耕耘自己的幼儿园，她们对集团的其他幼儿园也充满着期待。她们根据各自领域的研究特长，依据建筑设计规范文件，落实《3—6岁儿童学习与发展指南》精神，凸显环境对幼儿教育的作用，注重幼儿园空间环境设计的社会性、情感性、生活性和创造性。她们奉献智慧、倾注爱心，一扇门、一堵墙、一张椅子、一张床、一个水龙头、一盏灯，都是从艺术性、便捷性、节约性、实用性和科学性出发，提供给孩子趣味、生动、自然、充满艺术氛围的教育环境和体验。她们遵循"规范化、集约化、品质化"的原则，力求在有限的单元空间中为幼儿提供多元的、有益的认知体验。她们参与了至少一所幼儿园的筹备，并且在其他幼儿园的筹备中也充当着导师的角色。本书的多数内容是她们在自己幼儿园筹备的艰辛过程中，相互学习、共同探讨，形成了一系列可供借鉴的经验，以期在国家相关的政策和翔安大发展的背景下，为新办幼儿园规划设计提供参考。

翔安教育集团自2017年成立以来，每年创办3~4所崭新的现代化幼儿园。秉承的理念就是用规范、合理的投入，设计一所富有童趣，具有自然性、想象性、灵动性、实用性和爱的幼儿园。集集团之智慧，一届又一届的筹备园长在前面园长经验的积淀和热心指导下，参与新办幼儿园前期建筑设计、二装设计、施工管理，以及厨房、安防与智能化系统、教玩具、家具等采购项目设计。

本书第一章"园所建筑规划"，由翔安教育集团规划中心李霞主任、张超平老师执笔，黄小立审稿。第二章"公用空间利用"，由吕塘幼儿园蔡碧莉园长、山亭幼儿园赖思园长执笔，李霞审稿。第三章"活动室设计"，由福翔幼儿园郑小洁园长、任珊副园长执笔，郑展蔚审稿。第四章"功能室创意"由鹭翔幼儿园陈滢渲园长、海滨幼儿园颜劭宜园长执笔，陈毅华审稿。第五章"户外自主游戏区域设计"由许厝幼儿园李莉园长、曾林幼儿园李宝枝园长执笔，郑小洁审稿。第六章"户外运动场地设计"由阳光城幼儿园陈毅华园长、海翼幼儿园郑展蔚园长执笔，陈滢渲审稿。

由于编写者的能力和集团的办园经验有限，本书提供的幼儿园设计攻略仅作参考。一些不妥之处，敬请读者批评指正，并诚请反馈宝贵意见，以便于修订时完善。

厦门市翔安教育集团总校长、正高级教师、特级教师

吴启建

第一章
园所建筑规划

随着教育体系的不断完善，教育理念也产生了巨大变化，其中，幼儿教育目标逐渐发展为以感受自然、培养个性、道德规范、综合素养等方面为主，注重幼儿动手操作能力和团队合作精神。因此幼儿园在建筑设计上，往往拥有宽敞的户外空间和较为开放的室内空间，鼓励幼儿自由地探索世界。把空间与空间之间的公共通道作为教育空间使用，这样的空间不是传统意义上被围合的房间，而是开放的街区式教育场所，能够较大程度培养儿童的创造性。本章选取厦门市翔安教育集团策划的部分优秀建筑案例，遵循幼儿特有的认知规律和学习方式，综合运用幼儿教育学、儿童行为心理学、建筑学等学科理论进行研究分析，旨在构建有利于幼儿学习和活动的空间，满足幼儿心理需求和活动需要，促进幼儿身心健康全面发展，进一步提升幼儿园保育教育的质量。

第一节　总体设计

作为幼儿成长、受教育的重要场所，幼儿园在建筑设计上需要结合幼儿的特点，通过对幼儿园建筑外立面、平面、墙面设计，功能分区及安全性的整体把握，将构想付诸实践。总体设计直接关系到幼儿园管理者后期教育理念和课程的融入，是幼儿园设计中最关键的一环，因此是花费设计者和规划者们最多时间和精力的环节。总体设计涉及建筑的外部风格、造型、内部环境、空间关系、色彩、材料、地形景观等。

一、设计理念与原则

1. 设计理念

建筑方案效果主要由建筑的平面、外立面、外部空间和内部空间来呈现。

（1）建筑因地制宜。设计要符合幼儿园建筑活泼的风格，因地制宜，合理布局。

（2）融入办园理念。办园者应主动在方案设计阶段介入，将幼儿园的办园理念融入建筑设计，在建筑细节中展现园所办园理念。

（3）服务园本课程。建筑布局不仅应与周边环境紧密结合，还应为幼儿园课程建设服务，为形成园本课程提供空间设计的辅助支撑。

2. 设计原则

（1）现代。通过时尚、现代的设计元素和装饰手法，让儿童感受未来时代的理念和思想，培养适合今后社会需要的人才。

（2）生态。将大自然的生态元素引入空间，以实景和意象的方式，让幼儿在观察中感知、体验自然的伟大，以利于幼儿身心健康和谐发展。

（3）温馨。幼儿园是幼儿的第二个家，通过柔和的色彩、舒适的采光，为幼儿营造安全、舒适、温馨的空间环境。

（4）艺术。富有艺术感染力的空间布置，可以培养幼儿正确的审美情趣，陶冶幼儿的情操。

（5）安全。转角的弧形设计，适度的台阶高度，环保、安全材料等的运用，窗台高度、护栏高度及净距的控制，让幼儿轻松、愉悦地游戏和生活。

（6）自主。空间、墙面的局部留白，有意识地给幼儿留有自由发挥、自主创造的小天地，使幼儿在灵活、多变的空间中成长。

（7）多元。减少封闭式的空间格局，尽量利用开放式或半开放式的空间进行灵活组合，引入多元的功能活动场所，满足儿童的多元化发展。

  设计一所好幼儿园

二、设计内容与规范

主要根据《托儿所、幼儿园建筑设计规范》（JGJ 39—2016）（2019 年版）的第 3 节 "3.2 总平面" 和第 4 节 "建筑设计" 中的相关内容对幼儿园主体建筑及二次装修进行设计、施工。具体内容与规范如下：

3.2 总平面

3.2.1 托儿所、幼儿园的总平面设计应包括总平面布置、竖向设计和管网综合等设计。总平面布置应包括建筑物、室外活动场地、绿化、道路布置等内容，设计应功能分区合理、方便管理、朝向适宜、日照充足，创造符合幼儿生理、心理特点的环境空间。

3.2.2 四个班及以上的托儿所、幼儿园建筑应独立设置。三个班及以下时，可与居住、养老、教育、办公建筑合建，但应符合下列规定：

2. 应设独立的疏散楼梯和安全出口；

3. 出入口处应设置人员安全集散和车辆停靠的空间；

4. 应设独立的室外活动场地，场地周围应采取隔离措施；

5. 建筑出入口及室外活动场地范围内应采取防止物体坠落措施。

3.2.4 托儿所、幼儿园场地内绿地率不应小于 30%，宜设置集中绿化用地。绿地内不应种植有毒、带刺、有飞絮、病虫害多、有刺激性的植物。

3.2.5 托儿所、幼儿园在供应区内宜设杂物院，并应与其他部分相隔离。杂物院应有单独的对外出入口。

3.2.6 托儿所、幼儿园基地周围应设围护设施，围护设施应安全、美观，并应防止幼儿穿过和攀爬。

3.2.7 托儿所、幼儿园出入口不应直接设置在城市干道一侧；其出入口应设置供车辆和人员停留的场地，且不应影响城市道路交通。

3.2.8 托儿所、幼儿园的活动室、寝室及具有相同功能的区域，应布置在当地最好朝向,冬至日底层满窗日照不应小于3h。

3.2.9　夏热冬冷、夏热冬暖地区的幼儿生活用房不宜朝西向;当不可避免时,应采取遮阳措施。

4　建筑设计

4.1　一般规定

4.1.1　托儿所、幼儿园建筑应由生活用房、服务管理用房和供应用房等部分组成。

4.1.2　托儿所、幼儿园建筑宜按生活单元组合方法进行设计,各班生活单元应保持使用的相对独立性。

4.1.3　托儿所、幼儿园中的生活用房不应设置在地下室或半地下室。

4.1.3A　幼儿园生活用房应布置在三层及以下

4.1.3B　托儿所生活用房应布置在首层。当布置在首层确有困难时,可将托大班布置在二层,其人数不应超过60人,并应符合有关防火安全疏散的规定。

4.1.4　托儿所、幼儿园的建筑造型和室内设计应符合幼儿的心理和生理特点。

4.1.5　托儿所、幼儿园建筑窗的设计应符合下列规定:

1.活动室、多功能活动室的窗台面距地面高度不宜大于0.60m;

2.当窗台面距楼地面高度低于0.90m时,应采取防护措施,防护高度应从可踏部位顶面起算,不应低于0.90m;

3.窗距离楼地面的高度小于或等于1.80m的部分,不应设内悬窗和内平开窗扇;

4.外窗开启扇均应设纱窗。

4.1.6　活动室、寝室、多功能活动室等幼儿使用的房间应设双扇平开门,门净宽不应小于1.20m。

4.1.7　严寒地区托儿所、幼儿园建筑的外门应设门斗,寒冷地区宜设门斗。

4.1.8　幼儿出入的门应符合下列规定:

  设计一所好幼儿园

1. 当使用玻璃材料时，应采用安全玻璃；

2. 距离地面0.60m处宜加设幼儿专用拉手；

3. 门的双面均应平滑、无棱角；

4. 门下不应设门槛；平开门距离楼地面1.2m以下部分应设防止夹手设施；

5. 不应设置旋转门、弹簧门、推拉门，不宜设金属门；

6. 生活用房开向疏散走道的门均应向人员疏散方向开启，开启的门扇不应妨碍走道疏散通行；

7. 门上应设观察窗，观察窗应安装安全玻璃。

4.1.9　托儿所、幼儿园的外廊、室内回廊、内天井、阳台、上人屋面、平台、看台及室外楼梯等临空处应设置防护栏杆，栏杆应以坚固、耐久的材料制作。防护栏杆的高度应从可踏部位顶面起算，且净高不应小于1.30m。防护栏杆必须采用防止幼儿攀登和穿过的构造，当采用垂直杆件做栏杆时，其杆件净距离不应大于0.09m。

4.1.10　距离地面高度1.30m以下，幼儿经常接触的室内外墙面，宜采用光滑易清洁的材料；墙角、窗台、暖气罩、窗口竖边等阳角处应做成圆角。

4.1.11　楼梯、扶手和踏步等应符合下列规定：

1. 楼梯间应有直接的天然采光和自然通风；

2. 楼梯除设成人扶手外，应在梯段两侧设幼儿扶手，其高度宜为0.60m；

3. 供幼儿使用的楼梯踏步高度宜为0.13m，宽度宜为0.26m；

4. 严寒地区不应设置室外楼梯；

5. 幼儿使用的楼梯不应采用扇形、螺旋形踏步；

6. 楼梯踏步面应采用防滑材料，踏步踢面不应漏空，踏步面应做明显警示标识；

7. 楼梯间在首层应直通室外。

4.1.12　幼儿使用的楼梯，当楼梯井净宽度大于0.11m时，必须采取防止幼儿攀滑措施。楼梯栏杆应采取不易攀爬的构造，当采用垂直杆件做栏杆时，其杆件净距不应大于0.09m。

4.1.13　幼儿经常通行和安全疏散的走道不应设有台阶，当有高差时，应设置防滑坡道，其坡度不应大于 1∶12。疏散走道的墙面距地面 2m 以下不应设有壁柱、管道、消火栓箱、灭火器、广告牌等突出物。

4.1.14　托儿所、幼儿园建筑走廊最小净宽不应小于下表的规定。

走廊最小净宽度

房间名称	走廊布置（m）	
	中间走廊	单面走廊或外廊
生活用房	2.4	1.8
服务、供应用房	1.5	1.3

4.1.15　建筑室外出入口应设雨篷，雨篷挑出长度宜超过首级踏步 0.50m 以上。

4.1.16　出入口台阶高度超过 0.30m，并侧面临空时，应设置防护设施，防护设施净高不应低于 1.05m。

4.1.17　托儿所睡眠区、活动区，幼儿园活动室、寝室，多功能活动室的室内最小净高不应低于下表的规定。

室内最小净高

房间名称	净 高（m）
托儿所睡眠区、活动区	2.8
幼儿园活动室、寝室	3.0
多功能活动室	3.9

注：改、扩建的托儿所睡眠区和活动区室内净高不应小于 2.6m。

4.1.17A　厨房、卫生间、试验室、医务室等使用水的房间不应设置在婴幼儿生活用房的上方。

4.1.18　托儿所、幼儿园建筑防火设计应符合现行国家标准《建筑设计防火规范》GB 50016 的规定。

  设计一所好幼儿园

4.3 幼儿园生活用房

4.3.1 幼儿园的生活用房应由幼儿生活单元、公共活动空间和多功能活动室组成。公共活动空间可根据需要设置。

4.3.2 幼儿生活单元应设置活动室、寝室、卫生间、衣帽储藏间等基本空间。

4.3.3 幼儿园生活单元房间的最小使用面积不应小于下表的规定,当活动室与寝室合用时,其房间最小使用面积不应小于 $105m^2$。

幼儿生活单元房间的最小使用面积

房间名称		房间最小使用面积（m^2）
活动室		70
寝室		60
卫生间	厕所	12
	盥洗室	8
衣帽储藏间		9

4.3.4 单侧采光的活动室进深不宜大于 6.60m。

4.3.5 设置的阳台或室外活动平台不应影响生活用房的日照。

4.3.6 同一个班的活动室与寝室应设置在同一楼层内。

4.3.7 活动室、寝室、多功能活动室等幼儿使用的房间应做暖性、有弹性的地面,儿童使用的通道地面应采用防滑材料。

4.3.8 活动室、多功能活动室等室内墙面应具有展示教材、作品和空间布置的条件。

4.3.9 寝室应保证每一幼儿设置一张床铺的空间,不应布置双层床。床位侧面或端部距外墙距离不应小于 0.60m。

4.3.10 卫生间应由厕所、盥洗室组成,并宜分间或分隔设置。无外窗的卫生间,应设置防止回流的机械通风设施。

4.3.11　每班卫生间的卫生设备数量不应少于下表的规定，且女厕大便器不应少于4个，男厕大便器不应少于2个。

每班卫生间卫生设备的最少数量

污水池（个）	大便器（个）	小便器（沟槽）（个或位）	盥洗台（水龙头：个）
1	6	4	6

4.3.12　卫生间应临近活动室或寝室，且开门不宜直对寝室或活动室。盥洗室与厕所之间应有良好的视线贯通。

4.3.13　卫生间所有设施的配置、形式、尺寸均应符合幼儿人体尺度和卫生防疫的要求。卫生洁具布置应符合下列规定：

1. 盥洗池距地面的高度宜为0.50~0.55m，宽度宜为0.40~0.45m，水龙头的间距宜为0.55~0.60m；

2. 大便器宜采用蹲式便器，大便器或小便器之间应设隔板，隔板处应加设幼儿扶手。厕位的平面尺寸不应小于0.70m×0.80m（宽×深），坐式便器的高度宜为0.25~0.30m。

4.3.14　厕所、盥洗室、淋浴室地面不应设台阶，地面应防滑和易于清洗。

4.3.15　夏热冬冷和夏热冬暖地区，托儿所、幼儿园建筑的幼儿生活单元内宜设淋浴室；寄宿制幼儿生活单元内应设置淋浴室，并应独立设置。

4.3.16　封闭的衣帽储藏室宜设通风设施。

4.3.17　应设多功能活动室，位置宜临近生活单元，其使用面积宜每人0.65m²，且不应小于90m²。单独设置时宜与主体建筑用连廊连通，连廊应做雨篷，严寒地区应做封闭连廊。

4.4　服务管理用房

4.4.1　服务管理用房宜包括晨检室（厅）、保健观察室、教师值班室、警卫室、储藏室、园长室、所长室、财务室、教师办公室、会议室、教具制作室等房间。各房间的最小使用面积宜符合下表的规定。

服务管理用房各房间的最小使用面积

房间名称	规 模（m²）		
	小 型	中 型	大 型
晨检室（厅）	10	10	15
保健观察室	12	12	15
教师值班室	10	10	10
警卫室	10	10	10
储藏室	15	18	24
园长室、所长室	15	15	18
财务室	15	15	18
教师办公室	18	18	24
会议室	24	24	30
教具制作室	18	18	24

注：1. 晨检室（厅）可设置在门厅内；

2. 寄宿制幼儿园应设置教师值班室；

3. 房间可以合用，合用的房间面积可适当减少。

4.4.2 托儿所、幼儿园建筑应设门厅，门厅内应设置晨检室和收发室，宜设置展示区、婴幼儿和成年人使用的洗手池、婴幼儿车存储等空间，宜设卫生间。

4.4.3 晨检室（厅）应设在建筑物的主入口处，并应靠近保健观察室。

4.4.4 保健观察室设置应符合下列规定：

1. 应设有一张幼儿床的空间；

2. 应与幼儿生活用房有适当的距离，并应与幼儿活动路线分开；

3. 宜设单独出入口；

4. 应设给水、排水设施；

5. 应设独立的厕所，厕所内应设幼儿专用蹲位和洗手盆。

4.4.5 教职工的卫生间、淋浴室应单独设置，不应与幼儿合用。

4.5 供应用房

4.5.1 供应用房宜包括厨房、消毒室、洗衣间、开水间、车库等房间，厨房应自成一区，并与幼儿生活用房应有一定距离。

4.5.2 厨房应按工艺流程合理布局，并应符合国家现行有关卫生标准和现行行业标准《饮食建筑设计规范》JGJ 64 的规定。

4.5.2A 厨房使用面积宜 $0.4m^2$/每人，且不应小于 $12m^2$。

4.5.3 厨房加工间室内净高不应低于 3.0m。

4.5.4 厨房室内墙面、隔断及各种工作台、水池等设施的表面应采用无毒、无污染、光滑和易清洁的材料；墙面阴角宜做弧形；地面应防滑，并应设排水设施。

4.5.5 当托儿所、幼儿园建筑为二层及以上时，应设提升食梯。食梯呼叫按钮距地面高度应大于 1.70m。

4.5.6 寄宿制托儿所、幼儿园建筑应设置集中洗衣房。

4.5.7 托儿所、幼儿园建筑应设玩具、图书、衣被等物品专用消毒间。

4.5.8 当托儿所、幼儿园场地内设汽车库时，汽车库应与儿童活动区域分开，应设置单独的车道和出入口，并应符合现行行业标准《车库建筑设计规范》JGJ 100 和现行国家标准《汽车库、修车库、停车场设计防火规范》GB 50067 的规定。

三、设计案例与分析

下面以翔案教育集团的五星幼儿园、洪前西幼儿园、海滨幼儿园、曾林幼儿园四个项目为例，分析建筑效果对幼儿教育的意义。

1. 五星幼儿园

概况：项目位于厦门市翔安区马巷街道五星社区，舫阳西三路以北，五星南三路以西。项目用地地势较低，且南高北低，外围道路均较高。项目为 15 个班的全日制幼儿园，规划学生人数 450 人。地上建筑共三层，地下一层，总用地面积 5317.853m²，总建筑面积 6816.82m²，其中计容总建筑面积 5692.86m²，不计容总建筑面积 1123.96m²。容积率 1.07。

在造型和空间设计上，本方案力求生动活泼。整体形象多变，风格新异，外立面简洁明快又不失丰富，标志性强。立面上采用贴面砖和简单线脚以及平开窗墙搭配，简单经济，同时使建筑显得透亮、开朗。

在空间设计上，兼具大尺度与宜人尺度的空间感，尽量做到大小空间收放自如，空间布局灵动多姿。同时在人员的水平、垂直流线上，体现高效率、多层次，动静分区。在考虑具体功能的空间设计变化的同时，充分考虑空间的可适应性和灵活性。

● 总平面规划

本项目建筑地上三层，地下一层。项目的主要出入口（人行）设在场地东侧的五星南三路上；机动车出入口尽量远离道路交叉口，布置在场地东北角，以减小对城市交通的影响；公共活动场地和跑道位于场地西侧、东南角和西北角；班级活动场地结合绿化布置在主体建筑南侧和西侧。

图 1-1-1　五星幼儿园鸟瞰效果

场地现状存在一定高差，南高北低，最大高差将近3m。项目利用高差设置了一个下沉庭院，将对采光要求不高的设备用房及职工会议厅、厨房等设置在地下一层，将幼儿园生活空间、服务管理用房及其他供应用房设置在地上。通过对地形的有效利用和巧妙设计，项目整体土方能尽量平衡，减少建设成本。

图1-1-2　下沉庭院透视图

● **平面设计**

为了解决新的教学需求和规范指标之间的矛盾，本项目从场地地形出发，摒弃了常见的一字型平面，采用了新的平面形式：分散布置幼儿生活单元，在其中穿插大小不一的活动空间，为美术、建构、阅读、科技、生活、角色游戏等新的教学需求提供场所，并用加宽走廊来将这些空间联系起来。

交通空间采用回形单廊设计，为幼儿提供环形的活动空间。走廊采用挑空的形式，在满足日照采光和通风需求的同时，保证内庭院通透的空间体验，并在降低造价成本的同时保证良好的建筑选型。功能布局上将幼儿活动空间与后勤空间充分隔离，流线组织合理清晰，保证幼儿活动的安全。

  设计一所好幼儿园

图 1-1-3　走廊透视图

● **立面造型设计**

立面采用简洁的现代建筑语言，通过合理的色彩运用顺应儿童需要，营造温馨、活泼的空间氛围，并在开窗尺度上充分考虑规范要求及儿童的身高特点，满足儿童对阳光的需求和充满好奇心的心理活动。建筑造型摒弃杂乱的装饰趣味，以"积木玩具"为设计理念，塑造简洁、有趣的建筑形体，同时追求形式与功能的协调，强调建筑的美来自形体的错落伸缩、直线与曲线的平面构成、光影的丰富多变、材质的虚实相生、色彩的细腻对比。

图 1-1-4　五星幼儿园外立面

- **无障碍设计**

根据本项目的功能特点和《无障碍设计规范》（GB 50763—2012）的要求，在主要出入口、楼梯、公共卫生间、无障碍厕所、室外停车位进行无障碍设计。

- **景观设计**

本项目景观设计以设计理念"积木玩具"为根基，采用现代设计手法，营造安全、趣味、多样的室外空间环境。将"五星"升级为"五心"，即责任心之星、爱心之星、诚心之星、上进心之星与自信心之星，融入整个场地设计。责任心之星位于主入口，是约束自我、培养责任心、展现礼仪的场所；爱心之星与沙水区结合，是幼儿学习、游乐时充满爱的游戏场所；诚心之星位于幼儿园西侧，是幼儿学会交流合作、培养诚心与团队意识的交流空间；上进心之星与跑道结合，是幼儿强身健体、积极上进的运动空间；自信心之星与下沉庭院结合，是培养幼儿特长、展现自我的艺术场所。"五星"融合"五心"，将园区的办学理念与空间场地设计相结合，将教育理念融入环境，利用环境教育促进幼儿学习成长。

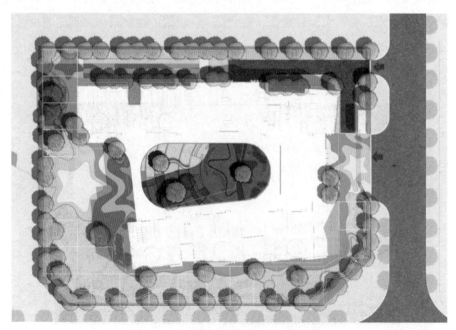

图 1-1-5　五星幼儿园景观总平面示意

  设计一所好幼儿园

2. 洪前西幼儿园

概况：本项目位于厦门市翔安区南部，洪前村行政范围内，禹州卢卡小镇南侧，洪前村西北侧，洪前北路南侧，地理位置优越；城市快速路翔安大道从项目西侧经过，主干道西岩路从北侧经过，地理交通便利。

图 1-1-6　洪前西幼儿园项目区位示意

项目用地面积 4589.392m²，拟建 15 班额幼儿园。总建筑面积 5881.40m²，其中地上建筑面积 5500.64m²，地下建筑面积 380.76m²。地下设置消防水池、水泵房等设备用房。本项目建筑形象原则应与周边城市建筑风貌统一协调，以北面地块卢卡小镇建筑风貌为指引，幼儿园造型提取卢卡小镇西班牙建筑风格元素，融合现代设计手法，形成简约、大方的外立面形象。同时，按照符合幼儿园建筑活泼、灵动、富有童趣特性的处理方式进行立面方案设计。

● **设计理念**

对大多数现代人而言，在幼儿园里接受系统科学的教育是迈入终身教育的第一步。人的许多良好品格、健全体质、行为习惯都是从小养成的，这就需要幼儿园拥有一个适合幼儿身心健康发展的建筑环境。因此，幼儿园的总体规划与建筑设计应满足幼儿生理、心理及行为特征的要求，反映"新、奇、趣、美"

的幼教建筑个性风格，并应注意与周边建筑风格统一、协调。

（1）整个设计始终贯穿"以幼为本，简洁现代"的设计理念，充分体现一个现代化、人性化的保教建筑。

（2）符合学校规划总平面图要求。总平面设计和建筑指标都按照总体规划要求进行深化设计。

（3）协调与创新。新建筑既要与周边建筑、自然环境相协调，又能从中突破、创新。

（4）坚持从当地的实际情况出发，与经济、社会发展相适应，符合安全、适用、经济、美观和节约的原则。

图 1-1-7　洪前西幼儿园鸟瞰效果

● **功能分区与建筑布局**

（1）幼儿园人行主入口规划于项目北侧的洪前北路上，入口设有园前广场，方便家长等候接送。次入口也位于项目东北角洪前北路上，主要作为机动车出入口、后勤出入口。两个出入口自然形成人车分流的交通体系。

  设计一所好幼儿园

（2）本方案建筑顺应地形轮廓和朝向布局，结合建筑自然围合出园区室外活动场地及景观绿化。其中包括分班活动场地 15 块，每块 $60m^2$，人均 $2m^2$ 的公共活动场地；30m 塑胶跑道四条；沙坑、戏水池各一个。室外活动场（一半以上）均满足冬至日 2 小时以上的日照。

（3）幼儿园东北角结合车行出入口设有后勤院子，与厨房、洗衣房相连。

（4）考虑幼儿安全，幼儿园内不设车道。从主入口进入后，人流或向前进入建筑，或进入室外活动场地，后勤车辆可利用东北角的后勤区回车后原路返回，无需穿越幼儿活动区。

- **建筑设计**

（1）平面布置：一层设有门厅、保健室、值班室、寝室、活动室、厨房、洗衣房、公共卫生间、设备用房等；二层为寝室、活动室、配套用房等；三层为寝室、活动室、音体室等；四层为教室、办公室、会议室等。

建筑设计布局合理，交通流线流畅，符合功能使用要求。

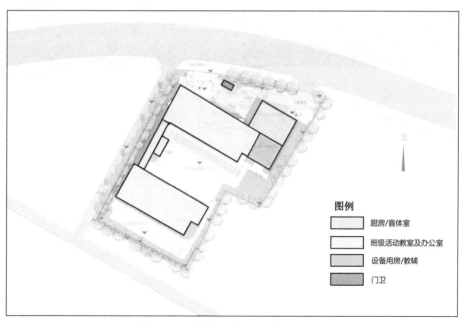

图 1-1-8 洪前西幼儿园建筑设计示意

（2）立面设计：以现代风格为主，整个建筑立面保持简洁、清晰的面貌，以塑造现代气息，外立面以白色为主、彩色元素为辅的色调搭配，体现简约明快、积极向上的精神风貌，结合体块穿插的丰富造型，进一步增加了幼儿园的童趣。对玻璃的采用得当，铝框与浅色玻璃的搭配，再注入蔚蓝天空的反射，恰到好处地处理了虚与实的关系，更好地使建筑融入自然环境。

图 1-1-9　洪前西幼儿园外立面

（3）无障碍设计：本工程设置无障碍设计，以便伤残人士能自由出入各主要出入口。室内外高差利用坡道解决，坡道坡度为 1∶12。

3. 曾林幼儿园

概况：项目位于厦门市翔安区曾林社区。园区总用地面积 4300m²，总建筑面积 4195.22m²，其中计容面积 3899.99m²，可容纳 12 个班，360 名幼儿。项目地处翔安区农村片区，周边均为农田。该幼儿园的建设，对辐射优质教育资源，合理分流生源，促进教育均衡发展，凸显教育服务功能，支撑、推动城市化建设，将产生重要且长远的影响。

设计一所好幼儿园

图 1-1-10 曾林幼儿园项目区位

● **设计理念**

一座散发着青春活力的幼儿园要想拥有长久的生命力，幼儿园活动的开展是根本，艺术审美的培养是特色。立足于此，曾林幼儿园把教学功能、视觉意向和深厚的现代气息三者结合起来，设计干净、简单且颇具活力。

图 1-1-11 曾林幼儿园鸟瞰图

● **功能布局**

在"整体化"与"个性化"的指导思想下，对整个教学基地进行理性分析，最大程度地留出空地，为幼儿园的教学活动提供足够的室内外活动空间。一层为主要功能区，包括晨检保健模块、后勤厨房模块、2个教学活动单元、公共活动区域和音体室，上述功能区域围绕着中庭布置。二层包含5个教学活动单元、教师用房。三层包含5个教学活动单元、教师用房。

教学活动单元包含活动区、寝室、卫生间、衣帽区以及教师准备区，同时设计一个小生活阳台。

● **交通体系**

幼儿园的主入口设置在南面，与村里公共活动广场相接，方便家长接送幼儿。后勤出入口与机动车位设置在西北角，靠近后勤厨房，同时避免与幼儿活动区域交叉，有效实现人车分流。

建筑单体内设置了两部楼梯，分别置于建筑东西两边。

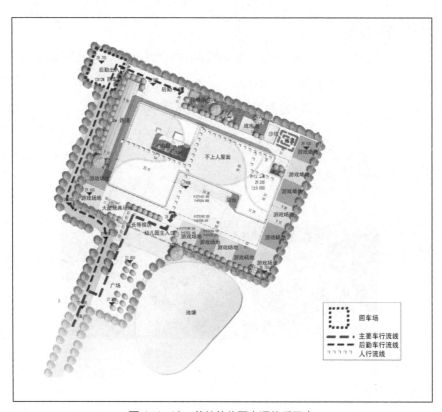

图 1-1-12　曾林幼儿园交通体系示意

  设计一所好幼儿园

- **视觉意向**

建筑给人的视觉冲击首先体现在其整体造型上。幼儿园以使用功能的需求为基础，深入挖掘视觉意向的魅力。本方案造型结合横向凸出装饰、简洁的外观，融入现代建筑设计中虚实对比的手法，再加入少数明艳的色彩以及墙面上规则的开洞，使建筑本身素雅而又不失活泼。

图 1-1-13　曾林幼儿园正立面

- **环境效益**

幼儿园独特的教学形式决定了其独特的环境，在设计中需充分考虑幼儿的活动空间。除了室外的活动场地，在一层还留有很大的公共活动区域，局部的灰空间设计也为幼儿在炎热或风雨天气提供了半室内的活动空间。与此同时，在公共活动区中部的中庭更是将外部环境与建筑本身融为一体。

图 1-1-14　曾林幼儿园公共活动区域

● 诗意空间

建筑造型的艺术化、形象化是建筑外表的描绘，只是初步的视觉享受，而创造具有诗意般的建筑外部空间，让人无论处于哪个位置，都能领略室内外空间的拓展及空间层次变化带来的惊奇和喜悦。中庭的设计使建筑内部与外部气息相互辉映，共同造就了一个"有张有弛、有软有硬、有学习交流、有休闲娱乐"的学习和游戏环境。

图 1-1-15 曾林幼儿园户外戏水池

4. 海滨幼儿园

概况：本项目位于厦门市翔安区民安街道。园区总用地面积 4206.28m²，总建筑面积 3913.903m²，其中计容面积 3715.428m²，可容纳 12 个班，360 名幼儿。

通过对国内外新建幼儿园的规划新趋势的研究，本方案决定将海滨幼儿园定位为儿童游戏的场所。在游戏时教师对幼儿进行看护，儿童在游戏中学习是整个设计的出发点。通过研究儿童天性——喜欢自由、充满好奇、表达真实，以关怀个体制定设计原则，以班级为单元进行规划，强调内外空间环境给班级带来的品质，连廊空间和垂直交通的趣味性，建造一个不受束缚、自由玩耍的活动场地。

本项目北侧为城市干道 451 县道，这一朝向不宜作为幼儿园出入口。因此出入口考虑位于项目西侧的规划路。通过入口展墙区分主入口和后勤入口。将班级作为模块，打散分布在园区内，形成内外空间丰富、边界模糊的空间感受，公共用房和后勤用房分别位于基地的中心和西北侧。

A 为友达生活区；B 为海滨小学；C 为西炉村；D 为空地。

图 1-1-16　海滨幼儿园项目区位示意

- **总体布局**

在总体布局上，后勤用房位于园区的西北侧，公共教室和音体室位于园区的中心，各个班级模块围绕公共用房布置，形成两层的小体块。最后用水平和垂直交通将它们串联一体。

图 1-1-17　海滨幼儿园鸟瞰图

● **功能布局**

海滨幼儿园功能构成分为活动及辅助用房、办公及辅助用房、生活用房三部分。其中建筑地上两层，局部三层，建筑高度 11.55m，建筑面积 3545m²。一层主要包含厨房、门厅、值班室、晨检保健室、5 个班级教室等。二层主要包含办公室、会议室和 7 个班级教室等。三层主要包含音体室、结构室等。

图 1-1-18 中庭透视效果

● **建筑单体设计**

（1）平面设计。海滨幼儿园各层平面设计以极富趣味的动态流线将各功能房间联系在一起，各层上下联系的交通以独立的体块造型，包裹彩色玻璃幕墙，形成独特的交通标识。各个班级教室形成相对独立的体块，通过对庭院方向的开窗形成内外可视的交流空间。

（2）立面设计。海滨幼儿园整体立面设计以简洁为主，考虑用本地产量较大的马赛克材质，通过马赛克的拼贴形成更加细腻的表皮变化，使外立面更有细节。立面开窗的设计参考儿童的视线高度，采用大面积简洁的矩形开窗。二层和三层利用高低的变化采用方形开窗，形成相对活泼的立面。

图 1-1-19 海滨幼儿园外立面

  设计一所好幼儿园

- **景观及绿化设计**

园区景观采用整体景观的方式打造。广场和儿童活动场地铺设人工草皮，结合部分圆形图案设计，形成趣味、简洁、统一的铺地形式。局部可考虑采用橡胶场地、温暖的色彩，在软场地上为儿童提供舒适的活动空间。在园区内设计独立绿地，结合整体造型设计。庭院内移栽成型大树，使内庭充满生机。

- **无障碍设计**

本工程在园区人行道设置人行盲道标志，建筑主入口处设有坡度不大于1:12的坡道，并设置触摸板标志和导盲栏杆，一层男女卫生间设有残疾人厕位。

第二节　室内设计

室内是幼儿每天活动较为频繁的场所，是他们重要的活动和游戏场所。因此，为他们设计一个安全舒适的室内环境对于幼儿的保育教育质量发展来说特别重要。室内设计主要注重舒适、安全、环保、童趣、温馨等，旨在打造自然舒适的场所，为儿童创造集生活、学习、游戏为一体的另一个家。室内设计主要功能分区布局合理，交通流线流畅，符合功能使用要求。

一、设计理念

（1）生态理念。根据幼儿好奇、好动、好模仿的特点，创造良好的生态环境，发挥教育功能。在幼儿园室内设计中，可以考虑设计小花园、垂直绿化等多种区角，营造鸟语花香、绿色盎然的天然景观，让儿童在观察中发现，在活动中感知，逐步养成保护环境、爱护大自然的习惯。

（2）温馨理念。幼儿园室内环境应安全、温馨，提升师生的满足感，外观色彩设计上要突出鲜亮、活泼的特点。室内色彩设计上，小班要以暖色调为主，与纯白色搭配；中班选择春意盎然的绿色，搭配白色调；大班孩子想象力比较丰富，可选择天蓝色与白色。

（3）安全理念。幼儿园是幼儿生活、学习的重要场所，安全问题是首要。班级活动室选择木地板或 PVC 地板，不仅方便幼儿活动，也能软化硬邦邦的地面，便于师生更好地开展各项活动及游戏。对所有带棱角的地方进行倒圆角处理，以免幼儿碰伤。

（4）自主理念。幼儿园区角的空间设计、橱柜摆放等方便幼儿随时活动；材料投放既丰富多样，体现多元性，又能依据不同年龄特点体现层次性，使幼儿认知、情感、个性等得到全面发展；教室墙面布置结合主题，不断丰富拓展，让幼儿与环境互动，使环境真正促进幼儿自主发展。

（5）多元理念。鉴于让儿童全面发展的理念，幼儿园应减少办公用房，改建成幼儿园需要的科学发现室、美工创意室、图书阅览室；在露天室外内庭园搭建儿童表演台；提供各类专用活动场所，充分满足幼儿的兴趣和个性需要，充分挖掘幼儿潜能。

二、设计内容与规范

幼儿园的室内空间方面主要是由生活用房、服务管理用房和供应用房等组成，幼儿园的生活用房由幼儿生活单元和公共活动用房组成。幼儿生活单元主要设置活动室、寝室、卫生间、衣帽储藏间等基本空间。公共活动用房包括多功能室、建构室、美工室、阅读室、科学室等。

1. 幼儿活动室

幼儿活动室的平面布局设计，以日照、通风、采光等要求作为基本条件，突出色彩和装饰的特色。室内空间的丰富性和趣味性通过增加空间的多样性来展现。相对而言，幼儿更喜欢循环缠绕多样性的小空间以及洞穴等可以爬的私人空间。不同维度的空间和巧妙的室内空间设计为幼儿提供不同需求的特色空间。

幼儿生活单元房间的最小使用面积应与《托儿所、幼儿园建筑设计规范》（JGJ 39—2016）（2019 年版）中的一致。当活动室与寝室合用时，房间最小使用面积不应小于 105m²。幼儿生活单元房间装修标准见下表。

表 1-2-1 翔安教育集团幼儿生活单元房间装修标准

区 域	部 位	装修标准
幼儿生活单元	地面	1. 采用 PVC 地板、木地板、仿木地板，颜色宜为暖色，其中 PVC 地板的厚度不低于 2.0mm，木地板板厚不低于 8.0mm。 2. 盥洗室地面宜采用 300mm×300mm 的防滑地砖，便于清洗。
	墙面	1. 活动室及寝室 1.3m 以下部分采用瓷砖墙裙或不燃材料。 2. 1.3m 以上部分宜采用白色或浅色无机涂料。 3. 盥洗室与班级间的隔墙高度不超过 1.2m，并设置可开启观察窗或采用开放式，便于观察。 4. 盥洗室墙面采用瓷砖，铺贴至吊顶上 100mm 处。
	天棚	1. 尽量采用铝扣板吊顶，并预留活动检修口。 2. 不设置吊扇，设置壁扇。
	卫生间	1. 每班卫生间卫生设备的最少数量：1 个污水池（拖把池）、6 个大便器、4 个小便器（也可设置为沟槽）、6 个水龙头。 2. 盥洗池距地面的高度宜为 0.50~0.55m，宽度宜为 0.40~0.45m，水龙头的间距宜为 0.55~0.60m。 3. 大便器宜采用蹲式便器，大便器或小便器均应设隔板，隔板处应加设幼儿扶手。厕位的平面尺寸不应小于 0.70m×0.80m（宽×深），沟槽式的宽度宜为 0.16~0.18m，坐式便器的高度宜为 0.25~0.30m。 4. 卫生间内不应设台阶。

2. 公共活动用房

● 多功能活动室或音体室

（1）多功能活动室的设计建议参考常规小剧场，有条件的考虑设置舞台，舞台后方建议设置储物、准备、化妆的空间。

（2）应在观众区后方（即舞台的正前方区域）设置一间音控室，控制室的尺寸约为 2m×2m，放置舞台灯光、音响控制台，方便操作人员观察舞台情况，及时做相应灯光、音响配合。

（3）考虑空间的复合使用，舞台可设置可收缩投影幕或 LED 显示屏。

（4）舞台建议由专业公司设计舞台灯光、面光和音响，保证幼儿园大型活动的需求。天花板和墙面宜采用吸音材料，如穿孔吸音板、木制吸音板。

（5）由于涉及多个场景应用，空间灯光宜分开控制。

（6）音体室可容纳人员较多，为保障师生的安全，考虑设两个双扇外开门，其宽度不宜小于 1.5m，以便安全疏散。

（7）建议在舞台背景上方设置 LED 显示屏或字幕屏。

（8）多功能活动室地面建议采用实木复合地板或 PVC 地板。

图 1-2-1　音体室

● 建构室

游戏是幼儿的基本活动，而建构游戏是其中重要的一种创造性游戏，是儿童根据自己的生活经验，以想象为中心，主动地、创造性地反映周围、显示生活的游戏。建构游戏对培养幼儿的创造力、想象力和动手操作能力起着非常重要的作用。那么，幼儿园建构室设计该如何规划呢？

（1）设置于独立空间。大型积木的搭建需要多位幼儿同心协力才能完成，以此来增添幼儿的成就感，同时营造出一种幼儿园特有的活动气氛。一般独立的积木搭建室可以划分成若干个区域，供不同幼儿组同步进行不同规模的积木搭建活动。不同组幼儿还可互相观摩欣赏，达到共同游戏的目的。这样的积木搭建室可以较长时间地保留积木造型，但也有一个弊端，即没有充分发挥对幼儿园的环境气氛的渲染作用。

（2）设置于公共空间。开放的公共空间面积比较大，有利于活跃幼儿建构游戏的氛围。

图 1-2-2　幼儿在户外公共空间进行建构游戏

（3）设置于多功能活动室。有的幼儿园没有足够的条件做独立的积木搭建室，也没有公共空间，而是把音体室内的一角作为幼儿积木建构区域。音体室虽然空间开阔，但积木建构区占据了音体室的一部分面积，在一定程度上会影响幼儿在音体室的活动开展。

（4）设置于宽走廊一侧或转折的节点处。根据空间环境条件，可以适当划分出一点空间作为建构游戏的活动场地，也是展示幼儿搭建积木的较好区域。

这个区域一般设置在不被人流穿行的较独立地带，不适合设置在班级活动单元入口处。

图 1-2-3　设置于宽走廊一侧或转折的节点处的建构区

● **美工室**

美工室是幼儿进行美术创作活动，存放美术教具、学生绘画作品的场地。美工室须为美术教学提供充分的操作平台，给儿童美术作品以充分的空间做陈列展示，是体现学校文化的重要空间。

（1）空间上要考虑设置高柜的位置，兼具书柜与展示柜的功能。

（2）预留设置矮柜的空间，用于收纳绘画手工工具，高度为 1m，适合幼儿自取工具。

（3）墙面应设置便于悬挂、粘贴和陈列幼儿美术作品的物品，如展示板、软木墙、作品展示框和各类挂钩等。

（4）洗手池是美工室必备设施，建议采用条形洗手池，距地面的高度为

0.50~0.55m，宽度为0.40~0.45m，水龙头不少于5个，间距为0.55~0.60m。

（5）吊顶应便于悬挂幼儿作品，宜采用格栅或铝方通吊顶。

（6）地面宜选用耐擦洗材质（建议选用防滑瓷砖，不推荐木地板或PVC地板），便于后期清理。

图1-2-4　美工室

● **阅读室**

幼儿的阅读不能局限于单纯的"看"，而应营造一个适合多种阅读形式、舒适的阅读环境：

（1）满足采光、通风需求，保证室内光源充足。

（2）靠墙壁设置书柜，并选用以活动沙发、抱枕、靠垫为主的家具。

（3）图书架各排图书搁置要有一定的倾斜度，总高不宜超过1.2m，最下排距离不应低于0.3m。

图1-2-5　阅读室（区）

3. 服务管理用房

服务管理用房应包括门厅、晨检室（厅）、保健观察室、教师值班室、警卫室、储藏室、园长室、财务室、教师办公室、会议室、教具制作室等房间。

● **门厅**

门厅是托儿所、幼儿园的室内外过渡空间，是幼儿入园必须经过的空间，功能要求比较多。为保证幼儿的健康，幼儿出入门厅时需要洗手，因此，门厅处宜设置洗手池。

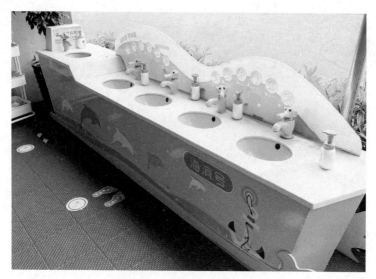

图 1-2-6　门厅处设洗手池

● **保健观察室**

保健观察室是临时观察幼儿入园晨检时发现的患病幼儿的场所，其位置宜靠近入口处，方便保健医生对幼儿进行入园晨检，以及对患儿进行简单医治。患儿的疾病极易传染给其他幼儿，所以设计此处时要确保患病幼儿至保健观察室的路线不与健康幼儿路线交叉，并设单独的出入口。

保健观察室不仅是一个小间房间，还要求布置必要的生活设施，否则，患儿需要大小便时必须到其他公共卫生间，这样既不方便，也可能传染他人。因此，保健观察室应设独立的厕所和洗手设备。

4. 供应用房

供应用房应包括厨房、消毒室、洗衣间、开水间、车库等房间。厨房应自成一区，并与幼儿活动用房有一定距离。

三、设计案例与分析

下面以鹭翔幼儿园、金域幼儿园、祥云幼儿园等项目为例，分析建筑室内设计对幼儿学习、生活、习惯等的教育意义。

1. 鹭翔幼儿园

幼儿园活动室是兼具学习、活动、午休的场所。对空间较小的活动室，考虑用多功能的家具，不仅节约空间，而且经济实用，如榻榻米床铺，不仅解决了幼儿午休和游戏、表演空间的问题，而且使整个活动室看起来整洁、安全又不乏味。盥洗室是幼儿如厕、盥洗的重要场所，其布置应充分尊重幼儿隐私并方便教师观察盥洗室内情况。

鹭翔幼儿园活动室采用淡蓝色墙裙、仿木地板、白色乳胶漆墙面；盥洗室采用白色瓷砖墙裙、蓝白相间花砖及淡蓝色抗倍特板隔断。清新淡雅的色彩让整个空间纯净，充满温馨，让美的感受融入幼儿一日的生活。

材料的选择也遵循了安全、环保、生态、经济的原则。

图 1-2-7　鹭翔幼儿园活动室

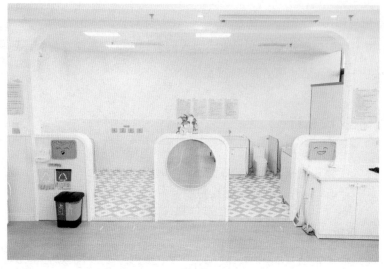

图 1-2-8　鹭翔幼儿园盥洗室

2. 金域幼儿园

金域幼儿园建筑面积约 $4000m^2$，建筑主体风格偏现代。项目旨在设计打造一个自然舒适的场所，让幼儿的知识和审美在此萌芽，因此活动室的布置要简洁、舒适，各区域布置要有利于激发幼儿的兴趣，开发幼儿全面发展的潜能。

图 1-2-9　金域幼儿园活动室

  设计一所好幼儿园

图 1-2-10　金域幼儿园盥洗室

3. 祥云幼儿园

祥云幼儿园坐落于环东海域，毗邻下潭尾滨海湿地公园，与彩虹沙滩、浪漫海岸线相依。从活动室西南侧望去，蓝天、大海、彩虹沙滩、彩虹跑道尽收眼底。幼儿在活动室就可以尽情领略大自然的旷远和舒适，观察潮起潮落、四季变换，丰富想象力。

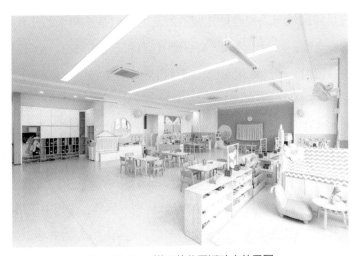

图 1-2-11　祥云幼儿园活动室效果图

幼儿园的活动室应满足日照、通风、采光等基本要求。在二次装修过程中应从安全、经济、动线合理等角度考虑，对活动室的办公区、书包柜、保育员操作台、盥洗室、电视墙、床铺收纳柜等进行规划，避免建成后重复调整造成资金浪费。

第三节　室外设计

幼儿园的室外设计应便于幼儿探索自然，应将自然与景观充分融合，强调人与自然之间的呼应关系，让孩子们在学习和玩耍期间，不自觉地去探索自然中的乐趣、世界的美好。因此，室外设计时应营造灵动、鲜明的空间氛围，打造开放性的室外空间；创设自然的空间，承载生长之力，让孩子们在成长的岁月中对话时光；围绕孩子们真实的需求和体验，将空间分割，化解成更加具有序列感的自然空间。

一、设计理念

（1）创造性理念。幼儿室外活动空间宜减少水泥地、硬质地砖、花岗岩的出现，这些材料虽然可以提升幼儿园的清洁度，但是不利于幼儿奔跑、跳跃，缺乏一定的安全性，同时也会大大降低幼儿运动玩耍的兴趣。幼儿园室外设计中一定要注意留白，增加绿化面积，通过自然环境去吸引孩子们的注意力，开发他们的创造性。

（2）生态性理念。幼儿园室外绿化不仅对幼儿园的空气净化有所帮助，还能拓展幼儿在苗木方面的认知，使绿化融入幼儿的教育。幼儿园的绿地率应不低于30%，软质地坪面积应大于70%。幼儿园还可大量种植适合当地生长的树木花草，并在树木花草上挂标牌，引导幼儿认识。另外，绿地中严禁种植有毒、带刺的植物，严禁使用带有尖状突出物的围栏，避免幼儿在室外活动过程中，因为碰触而发生意外事故。

  设计一所好幼儿园

（3）游戏性理念。幼儿的天性就是玩耍和探索，所以幼儿园的室外设计当然不能缺少娱乐的项目，并且这些娱乐项目最好是奔跑和跳跃性的项目，如草地、沙地等。当然，积木块、室外秋千、攀爬绳索、攀爬墙等也可以在幼儿园的室外空间中设置。同时，幼儿园室外设计时一定要注意颜色的选择，要以清新的颜色为主，从而营造自由、自然的氛围，这样既可以陶冶孩子们的情操，也对他们的身心健康有很大帮助。

（4）自然性理念。幼儿园的室外设计还有一个重要的设计理念，即融入自然。幼儿园活动空间强调自然性、舒适性，因此自然性的融入非常重要。自然性要求在设计室外空间时，要将室外空间本身自由的内容进行整合，然后根据整体需求，进行布局和规划。比如，室外沙坑、足球场、跑道等的布局，需要根据园区内已有的室外环境，在节省资源的基础上，保证室外环境的多样性规划和发展。

二、设计内容与规范

幼儿园应设室外活动场地，具体可参考《托儿所、幼儿园建筑设计规范》（JGJ 39—2016）（2019 年版）中第 3 节 3.2.3 中的相关规定：

3.2.3　托儿所、幼儿园应设室外活动场地，并应符合下列规定：

1. 幼儿园每班应设专用室外活动场地，人均面积不应小于 $2m^2$。各班活动场地之间宜采取分隔措施；

2. 幼儿园应设全园共用活动场地，人均面积不应小于 $2m^2$；

3. 地面应平整、防滑、无障碍、无尖锐突出物，并宜采用软质地坪；

4. 共用活动场地应设置游戏器具、沙坑、30m 跑道等，宜设戏水池，储水深度不应超过 0.30m。游戏器具下地面及周围应设软质铺装。宜设洗手池、洗脚池；

5. 室外活动场地应有 1/2 以上的面积在标准建筑日照阴影线之外。

三、设计案例与分析

瑞士著名儿童心理学家皮亚杰说："儿童游戏是一种最令人惊叹不已的社会教育。"为幼儿园提供丰富、自然、生态的户外游戏空间及场所显得尤为重要。下面主要介绍沙水区等户外场地布置。

1.沙水区

12个班规模的幼儿园，应配置面积不小于 60m² 的沙池和戏水池各一个，沙池宜与户外大型器械玩具结合设置，遮阴的同时增加了沙池和器械的功能性和趣味性。戏水池通常设置在沙池周边，戏水池的蓄水深度不得超过 30cm，可设置带状的水渠，也可根据现场实际条件设置异形的形状，通过增设各类器械玩具增加水池的可玩性。

图 1-3-1　幼儿园户外整体布置（戏水池、沙池设在中庭）

图 1-3-2　户外沙水区和大型器械玩具

2. 升旗台、跑道

幼儿园的升旗台不宜设置在东侧，跑道方向应根据实际条件尽量按照南北方向设置。

图 1-3-3　设置在幼儿园北侧的跑道

温馨提示

　　一所幼儿园建成后，往往会成为当地的一个标志，所以，建筑设计非常重要。而影响设计的因素有很多，如设计规范、各项指标、原有场地、已有建筑物、项目的预算、设计者的思维等。设计的目的是花最少的钱，建出更好的幼儿园。在设计时，筹建者如果是未来管理幼儿园的园长，若能提前介入，参与设计，将会最大限度地融入园长的办学理念，可避免出现二装时筹备园长提出各种改造意见的重复投入现象。

　　　设计一所好幼儿园

第二章

公共空间利用

　　幼儿园公共空间是指可供全园幼儿、教师或家长等进入并使用的园内空间。本章的公共空间主要是指除幼儿活动室之外的室内环境，如门厅、走廊、墙面、露台、厨房等。公共空间传递了幼儿园的园所文化，展现的是幼儿园的教育理念和价值取向。在创设公共环境前，幼儿园的管理者有必要与全园教师共同梳理、明晰幼儿园的文化和教育理念等，进而思考如何在环境中进行体现。在此过程中，管理者常要发挥引领的作用，根据办园理念和园所环境等实际情况，充分考虑采光情况、噪声影响、交通安全和便利程度、人员密集程度等因素，设定环境规划与创设原则和要求，对幼儿园整体空间进行统筹安排、合理布局，指导教师团队集思广益，齐心协力做好公共环境的创新设计和科学使用。

　　另外，厨房虽然不是开放互动式的公共空间，但却是幼儿园餐食的制作供应场所，在设计中不仅需要关注厨房的常规设计规范，也要考虑厨房管理与幼儿生活、家长参与的关联性。因此，本章也将厨房列入公共空间利用之中。

第一节　厨房设计

　　幼儿园的厨房是幼儿园公共环境中要求最专业、最具体的空间。厨房管理水平的高低决定了幼儿保健工作的好坏，完善的膳食直接关系到幼儿身体健康和成长发育。幼儿园要重视卫生保健和食品安全工作，尤其要高度重视幼儿膳食营养和身体保健。幼儿在园的餐饮设计，科学带量食谱的营养计算与监督，厨房、食堂建设及从业人员管理，膳食会多方交流与研讨，明厨亮灶工程的逐步深入和完善，无不渗透着各方对幼儿餐饮服务质量的密切关注。因此，设计师应在充分了解幼儿园厨房的设计规范与设计要求的基础上进行设计。在设计规划厨房时，应尽量考虑以下几个方面。

一、合理选址

厨房位置要尽可能规划在离幼儿园次入口较近的位置，便于食材和废弃物的进出和人、物分流；尽量布置在下风向区域，减少厨房油烟、异味对幼儿常态生活区的影响；还要结合建筑实际来考虑给排水远近和厨余油污处理等。厨房面积根据幼儿园规模，参考《幼儿园建设标准》（建标 175—2016）进行规划设计。厨房平面布置应符合食品安全制度，满足使用功能要求，不得设在幼儿园活动用房的下部。当然，对于建筑中已经有厨房区域的幼儿园，我们一般不改变其相对位置，但会在厨房内部布局和户外规划中考虑以上因素。

图 2-1-1　幼儿园的厨房位置

二、科学布局

根据功能需要，厨房需配备齐全的功能间，内部区域规划需要遵照"生进

 设计一所好幼儿园

熟出""不走回头路""出餐与回收分开"的原则；食物制作流程整体动线布局规划的区域和大致顺序为：收验货区→次更衣间→主副食库→粗加工区→切配区（细加工区）→主厨区（水果间、面点间）→二次更衣间→备餐间→餐梯（两层及以上幼儿园建筑）→洗消间、清洗存放间，也可设置专门的办公区、如厕区，其中，主厨区尽可能设置在通风和排烟便利的区域。

图 2-1-2　厨房实景

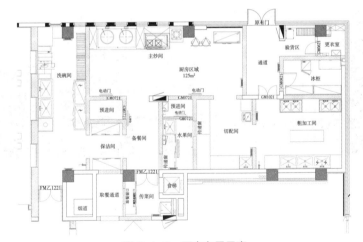

图 2-1-3　厨房布局示意

三、安全防范

基于卫生安全的需要，在设计中，厨房的食品安全、电气设备安全、排烟防火、消毒卫生等均要考虑。通过透明窗口或智能设备，增加厨房可视化、透明化，加强监督。设置安全门禁系统，避免闲杂人员随意进入厨房区域，加强食品安全防范。厨房水汽较多，电气设备功率较大，应关注配电系统的匹配度、各线路的合理布置、电源插座的防水功能，加强厨房的用电安全。与相邻区域设置防火门和排烟系统。设置供各种食材和碗具分类清洗的水槽，配备消毒柜、消毒灯、灭蝇灯等，加强消毒卫生管理。

图 2-1-4　厨房监控画面

图 2-1-5　灭蝇灯

图 2-1-6　消毒灯

四、装饰选材

装饰材料应选用环保、防油烟、防滑、防水、容易清洁的材料。比如，墙面常使用瓷砖或玻璃隔断，地面采用防滑砖，便于冲洗。厨房吊顶采用不吸水、表面光洁、耐腐蚀、耐高温的浅色铝扣板等金属材料。门窗应进行防蚊蝇设计，同时在进门处设置防鼠板。在吊顶下方设置紫外线杀菌灯或其他消毒设备，并应区分设置开关并张贴警示标志，防止误开。

图 2-1-7 厨房玻璃隔断墙面　　　　　　图 2-1-8 设置防鼠板

　　除了考虑以上几方面，厨房设计还应符合国家有关卫生标准和行业标准《饮食建筑设计规范》（JGJ 64—2017）的规定和《托儿所、幼儿园建筑设计规范》（JGJ 39—2016）（2019 年版）的相关要求。

第二节　门厅设计

　　幼儿园门厅是连接幼儿园和家庭的一座桥梁，它所呈现的是幼儿园的文化底蕴，展示的是幼儿园的文化氛围和办园理念等。门厅是幼儿进入幼儿园的第一个室内空间，是整栋建筑联系室内外的过渡空间，其设计需要营造安全、整洁、开放、温馨的氛围，让每一个进入门厅的人都能有宾至如归的舒适、愉悦之感。尤其对于幼儿而言，有生命、有灵气的门厅，能让幼儿与门厅环境交流对话，帮助他们建立对幼儿园的归属感，在一定程度上可缓解他们在家园之间过渡的焦虑。

一、空间畅通

　　门厅具有集散、晨检、休息、展示、接待等功能，是幼儿园人流聚集场所。宽敞的大厅能对幼儿心理状态产生影响，让人豁然开朗。从使用安全性和合理性角度考虑，幼儿园应确保门厅人行畅通，保留较大面积的无障碍空间，供人流密集时段或意外事件发生时使用。比如，许厝幼儿园门厅结合休息区功能，沿墙体左右两边设座椅，将门厅大部分空间作为疏散空间；天成幼儿园的门厅结合展示功能，在角落中布置与二十四节气课程相关的场景，既保证了宽敞的空间，又让幼儿进入门厅后能感受到不同节气的变化。

图 2-2-1　门厅结合休息功能　　　　图 2-2-2　门厅结合展示功能

二、功能齐全

幼儿园门厅设计考虑的方面比较多，我们希望在幼儿园门厅的设计中，能营造一个灵动、可持续、现代化的教学环境，让孩子们在这样的环境中积极思考，打开想象的大门，提升感性认知能力，不断丰富内心世界。门厅作为进入园所内部的必经之路，是整个园所最显眼的地方之一，承担着咨询、参观、接待等功能，因此门厅环境创设要根据功能需要，结合空间结构和面积大小进行合理的设计与规划。

1. 文化展示功能

门厅不仅展示了园所文化，更是让家长、幼儿对幼儿园进一步了解的第一空间，是彼此传达爱，形成温馨氛围的空间。幼儿园可以在门厅边角地带展示幼儿的劳动成果、创意作品，提升幼儿的自信。除此之外，还可以展示幼儿园教育理念和园所文化，利用墙面、拐角等空间，张贴或摆放幼儿园简介资料、体现教育观和儿童观的儿童作品、幼儿与教师或家长的互动照片等。在门厅展

设计一所好幼儿园

示功能方面，需要依据展示内容来规划设计展示的位置与展示形式，如理念性的文字一般是向成人展示的，适宜设置在门厅迎面墙壁或其他醒目的位置，高度适合成人的视线；而儿童作品的展示就需要考虑作品的类型，确定作品是立体摆放还是平面展示，高度要适合幼儿的视线。

图 2-2-3　利用拐角展示幼儿作品

图 2-2-4　利用门厅角落呈现幼儿作品

图 2-2-5　利用墙面展示园所文化

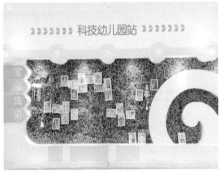
图 2-2-6　利用墙面展示幼儿风采

2. 氛围营造功能

门厅氛围营造是门厅设计的重要内容之一。在设计门厅时要设置可悬挂、粘贴、摆放饰品等的设施，这些设施要巧妙地与整个门厅设计融为一体，有创意，不突兀，如门厅顶部的局部网格与孔洞设计等，既有造型美感，又能巧妙地满足悬挂的需要。还可以利用门厅的角落一隅营造氛围，如可以充分利用春夏秋冬四个季节的特点，用各个季节对应的颜色来布置场景，让幼儿感知四季的颜色美，再通过颜色的变化，让幼儿感受四季的交替，认识四季变化的规律和特征，充分感受大自然的奥秘。

3. 咨询接待功能

在设计门厅时应考虑营造温馨、亲切的交流空间，充分利用门厅空间设计家长接待区，让教师与家长在良好环境中进行友好互动。在不影响幼儿活动的前提下，合理规划区域空间，设置亲子阅读区域，方便在入离园的过渡环节，让幼儿感受亲子阅读的快乐，为培养幼儿早期阅读提供环境，提升早期阅读的意识。

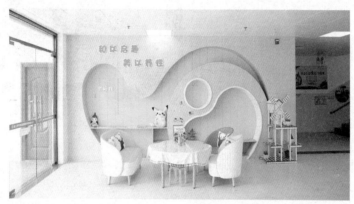

图2-2-7 利用门厅设计家长接待区

4. 关注幼儿需求

幼儿园门厅作为孩子们活动的第一个场所，要凸显趣味性。门厅可以从视觉上吸引幼儿的注意力，激发幼儿与环境互动的兴趣，让他们喜欢上幼儿园，消除幼儿对陌生环境的恐惧感。同时，门厅可提升家长对幼儿园的认可度。所以在进行门厅设计时，首先要充分考虑幼儿的心理需求。门厅是幼儿入园的第一个公共空间，宜温馨、整洁、清爽、充满童趣，应让幼儿感到亲切、放松、愉悦，让幼儿产生安全感。门厅是一个追随幼儿脚步的空间，我们可以结合幼儿的需求对环境进行布置，在设计上对空间进行一定的装饰，追随幼儿的兴趣，从视觉上吸引幼儿的注意，调动幼儿的活动参与性。同时，结合幼儿园的文化底蕴、办园理念以及幼儿的需求，对墙面进行个性化呈现，让幼儿成为门厅环境设计的主体，让门厅环境展现幼儿的需求，让每一个进入园所的人被幼儿园的独特所吸引。

图 2-2-8　对门厅墙面进行个性化呈现

5. 凸显园所文化

门厅是园所文化展示、形象塑造的重要区域，也是家长对幼儿园的环境和品牌价值形成第一印象的重要场所。环境色彩、空间造型、装修风格和文化元素会对儿童的发展产生重要影响，因此，在进行设计时应准确把握园所文化的内涵，选择恰当的方式进行呈现，如可将园所文化通过立体、艺术的文字形式呈现在墙面上，也可将园所文化的内涵通过空间布置、装饰材质、物品陈设以及色彩搭配等方式巧妙无痕、自然而然地呈现。比如，吕塘幼儿园结合园所文化，将门厅吊顶、墙面、地面三维空间打造出"三古一溪"的门厅文化；九溪幼儿园在门厅创设了共享阅读区、亲子书吧，营造"悦读童心、爱伴童年"的办园理念。

图 2-2-9　幼儿园利用门厅呈现
园所文化

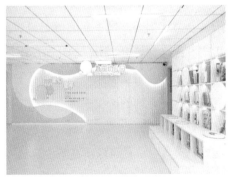

图 2-2-10　幼儿园利用门厅呈现
园所特色

幼儿园门厅承载着孩子童年生活的美好回忆，是孩子自信成果的展示空间，是幼儿园独特的文化底蕴空间，是幼儿园办园理念的呈现场所。门厅环境创设不仅体现了功能性、趣味性、宽敞性，也充分体现了幼儿园的文化底蕴、教育理念。我们应让门厅环境与孩子、家长交流对话，让门厅环境富有生命力、富有灵气，真正发挥幼儿园门厅的环境作用和实效性。

第三节　走廊利用

走廊是教学面积的延伸，既是重要的交通路线，也是每个活动室集中展示班级文化的重要交流场所，是连接门厅和教室的主要桥梁，是连接室外场地与室内环境的通道。所以走廊环境应充分体现幼儿园的园所文化。幼儿园走廊环境不仅能促进幼儿观察力、想象力、创造力等方面的发展，而且能对幼儿产生隐性影响，如对幼儿的认知意识、情感意识等方面会产生影响。除此之外，走廊的设计也要有很强的视觉引导性、可识别性和安全性，应该符合整个园的室内营造风格，与其他公共空间协调统一。本节所指的幼儿园走廊主要包括走廊墙面（包括靠近窗台的一面）、走廊地面（通道）、走廊顶部等多种可利用空间。

一、建设规范

幼儿园的走廊是幼儿园重要的人流通道。走廊与各个班级、功能室、各部门、办公室相连，是主要的行走通道且具有紧急疏散的功能。走廊护栏的高度和宽度应符合《托儿所、幼儿园建筑规范》（JGJ 39—2016）（2019 年版），设计时必须考虑儿童安全问题，将幼儿的安全作为设计走廊的前提。为了保证幼儿的安全，外走廊的护栏高度不宜低于 1.2m，建议采用防攀爬设计，走廊墙角做磨圆处理。地面应铺设防滑、耐磨和有一定缓冲性能的材料，并做好防雨防滑措施。玩具、桌椅可放置在宽度超过 3m 的走廊。走廊宽度超过 3m 且在不妨碍畅通的前提下，可以视情况利用走廊布置自然角和游戏活动区。宽度不足 1.8m 的走廊应保持畅通。

图 2-3-1 利用走廊布置自然角　　　　图 2-3-2 利用走廊布置游戏活动区

二、教育功能

走廊也可发挥一定的教育功能。在设计走廊时，可根据幼儿园课程内容走向、幼儿兴趣、热点话题等，让幼儿自由自主发挥自己的想象力和创造力，如利用墙面进行幼儿成果的展示或让幼儿涂鸦，激发幼儿的参与感和提升幼儿的成就感。走廊的墙面也可展示园所特色，让家长充分了解幼儿园。

图 2-3-3 利用走廊墙面展示园所特色

1. 促进幼儿间的交流与互动

走廊与活动室相比，扩大了活动的场域和同伴交往的范围。良好的走廊环境有利于不同水平不同年龄段幼儿间的同伴交往和经验共享。

图 2-3-4　利用走廊创设活动室

2. 呈现与表征幼儿的活动过程

走廊空间位置和公共性可以使幼儿的学习更加透明化、公开化，让幼儿互相协作，增加同伴的交往。同时能够通过幼儿涂鸦、幼儿作品展示、操作等形式，动态展示幼儿的兴趣点与想法，记录幼儿的学习过程。

图 2-3-5　幼儿涂鸦展示

设计一所好幼儿园

图2-3-6　幼儿作品展示

3. 成为幼儿游戏活动的场所

　　有的走廊比较宽敞，可设置阅读区、建构区、角色区等区域，或者摆放各类沙发、座椅供幼儿休闲，同时还可以满足不同班级幼儿互动交往的需要。如阳光适宜的走廊空间适合做静态的阅读角；幼儿园公共的、面积较大的、离活动室较远的走廊空间，可以做动态的室内探险运动区；各班走廊门前靠窗的一面，可以做植物角或美工坊；走廊墙面可以展示幼儿的作品等。比如，海滨幼儿园就将走廊上的圆柱设计成攀岩石和爬网两种形式的可攀爬的椰子树，将走廊的墙面设计成海洋主题的攀爬墙，让环境集情境性、挑战性、趣味性于一体，在凸显海洋风的同时，进一步解决了幼儿雨天无法进行户外活动的问题。

图2-3-7　走廊上增设美工坊

图2-3-8　走廊上增设阅读角

图 2-3-9　走廊上可攀爬的"椰子树"　　　　图 2-3-10　走廊上的攀爬墙

4. 呈现主题活动的进展

利用走廊的墙面作为班级主题进展墙，追随幼儿园课程和活动，最大限度地呈现与课程相关的内容。

 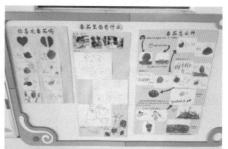

图 2-3-11　走廊上的主题进展墙

5. 成为家园沟通的桥梁

走廊中设置家园联系栏，是目前幼儿园较常见、较为传统的教育环境载体，是一种家园交流的书面形式。这既是幼儿教师班级管理的常规工作内容，又是家园沟通的重要渠道，在传递教师的教育理念和转变家长的教育理念等方面发挥重要作用。联系栏内张贴的周计划、家教文章、保健知识等能够让家长了解班级的日常工作与进度，增进教师与家长之间的了解与包容。

家园联系栏的创设有以下方法：一是随着时代的发展，家园联系栏不

  设计一所好幼儿园

单单只张贴教师的建议，家长结合自身的需求不断改变，积极参与班级工作。根据幼儿的需求，教师、家长力求多样化，变单向传输为双向交流，如教师可以请家长将孩子在家的各种表现、进步情况，教学内容的学习、掌握情况等，以便条、照片、绘画等形式，张贴在家园联系栏里。二是教师可以开设"请您参与""畅所欲言""家长留言"等专栏，围绕家长关心的话题、班内孩子普遍存在的突出问题展开讨论，鼓励家长积极参与班级工作，为班级工作献言建策。三是教师应依据幼儿的年龄特点，选取适宜的栏目设计。栏目的设计应丰富而有创意，图文并茂，但并不是栏目越多越好，而应根据各年级的实际情况，进行选择、调整。四是向家长介绍近期幼儿园教育活动的安排，并提出需要家长配合的地方，或向家长征求最佳的教育方案。

6. 成为幼儿探究活动的空间

幼儿园公共区域的走廊墙面设计成可视、可摸、可听、可探索的墙面，不仅能起到观赏的作用，而且可以让幼儿做好过渡环节，让教师做好常规工作。除此之外，在走廊适当的空间放置画板，让幼儿自由表征与创作；或在走廊的某个角落摆放一些音乐器材，充分利用废旧物品，如盘子、罐子等可以发出响声的生活物品与实物，创造条件让幼儿及时、即兴地创造、表达与体验。比如，许厝幼儿园一楼班级门口走廊结合小班幼儿年龄特点及自理能力培养情况，设计了带喷淋的涂鸦墙，幼儿可在区域活动时间自主选择，在保育老师的协助下涂鸦完后自主完成墙面的擦洗。二楼班级门口走廊结合中班幼儿年龄特点及手部肌肉发展情况设计了洞洞板和乐高墙，幼儿可结合建构游戏、主题及区域进行活动，充分发挥想象力、创造力。公共走廊设计了管道绿色植物，将翡翠、如意、多肉等种植在水管里，幼儿在散步时就能关注到植物的生长与变化，并且有了与同伴散步时交流的话题。这种方式也结合了"一日活动皆课程"的理念。三楼班级门口走廊结合大班幼儿年龄特点及科学探究能力发展情况，设计了磁性墙，供幼儿涂鸦、建构、探究，养成团队协作能力和科学探究能力。

图 2-3-12　许厝幼儿园的洞洞板　　　图 2-3-13　公共走廊增设的管道绿色植物

第四节　露台设计

　　露台的高度对孩子有一种天然的吸引力。露台光照充足、天然无遮挡，为了丰富幼儿园的活动空间，在保证安全的前提下，我们可以利用幼儿园露台开辟活动场地，作为儿童的户外场地或室内功能室的延伸。比如，可以在露台创设建构区、阅读角、儿童表演的小舞台、骑行跑道和小操场等；可以设置露台种植园，植被的遮挡能对顶楼的室内起到很好的降温作用，种植园里的植物、各种小生物，以及土壤、沙石、水等环境物质，还可以让幼儿认识不同的生命体，感受生机勃勃的大自然。

一、露台种植区

　　露台空间有着天然的阳光优势。根据园所整体布局，我们可以将露台规划为孩子们的户外种植区，在丰富作物种类的同时，也能在炎热、无遮挡的露台为进行劳动教育的师生提供阴凉。露台种植是风景，更是教育。幼儿园利用露台，可以结合园本自然科学课程的发展，为幼儿开辟多样化的自然科学体验。可以创设阳光花房、识趣科学区、动物饲养区三种自然载体空间，深化生命科学教育，满足幼儿亲近大自然的需要，增进幼儿对动植物的情感，让幼儿在多样化、多方式的四季种植活动中，获得多方面的体验，增进情感，提升能力。在设置种植区的时候，宜结合不同年龄段幼儿的身高来打造菜园，如可以在地面硬化的露台做高矮适宜的种植箱，将箱子依次排列开，既能保证园所的绿化面积，又能满足不同班级课程活动的需求。孩子们在探索农作物的过程中，体验了劳动的美妙，提升了儿童观察、思维和语言表达的能力。此外，姹紫嫣红、生机盎然的"菜园子"也会成为幼儿园的一道靓丽风景线。比如，科技幼儿园利用二楼露台打造饲养角，增设动物之家，饲养不同种类的小动物，孩子们能与小动物近距离互动，引导孩子观察小动物的生活习性，提高孩子的观察能力，激发他们的科学探究意识，培养记录习惯。

图 2-4-1　在露台创设阳光花房

图 2-4-2　在露台增设动物之家

二、露台活动区

在安全的前提下，三楼以下的露台空间可以作为开放的教学空间使用。露台活动区集合了室内空间的独立性和室外空间的开放性，可以让多种教育活动同时进行。幼儿园可以根据幼儿的粗大动作发展水平和运动经验规划一个充满野趣的自然游戏区，铺设草地、攀爬架、钻洞滑梯、秋千、摇马等。孩子们在草地上玩游戏，利用游戏区的自然设施玩攀、爬、钻、荡、平衡等体能游戏和寻找宝藏等亲近自然的游戏。孩子们专注地嬉戏与认知，探索与思考，从而获得真实的感受与快乐。

比如，吕塘幼儿园利用露台打造足球场，将其变为第二个户外游戏场，投放体育器械和低结构游戏材料。幼儿既能在这里进行体能锻炼，也能开展户外自主游戏。

图2-4-3　利用露台打造的足球场

图2-4-4　在露台上打造户外游戏场

三、露台休闲区

除了活动区、种植园，露台还可以成为幼儿园的休闲区，作为教师休闲或者接待家长的空间。休闲露台承载着花开满园的梦想，也担负着让教师放松身心、庇护心灵的期望。

图2-4-5　创设休闲区

第五节　墙面设计

苏霍姆林斯基说："我们在努力做到，使学校的墙壁也说话。"幼儿园环境作为一种"隐性课程"资源，既支持幼儿的自主探究学习，也服务于园所课程的实施开展。墙面是幼儿园建筑空间美的创造，是传递幼儿园文化、理念的主要窗口，是幼儿活动的上佳媒介，具有原则性、互动性、参与性、教育性、艺术性等多重功能。

一、有讲究的墙——原则性

（1）安全性原则。墙面的设计装修需要考虑幼儿的心理安全与身体安全。

（2）启发性原则。墙面的设计装修，要以激发幼儿的好奇心，引起他们的求知欲，启发他们去思考、探索为目标。

（3）动态性原则。墙面的设计装修，要根据教育内容和幼儿的发展进行布置。

二、会说话的墙——互动性

著名心理学家皮亚杰提出，儿童认知发展是在与周围环境的互动中积极主动建构的。根据幼儿园整体设计的特点，对墙面进行装饰，达到让墙说话的目的，使墙面环境更好地服务于幼儿发展。在对墙面环境布置时，需要关注幼儿的情感，教师要充分利用墙面环境与幼儿进行互动，使幼儿感到温暖、舒适。这会促进幼儿的积极性和参与感，让幼儿成为环境的主角，让环境潜移默化地对幼儿进行积极影响。

好的环境能够让幼儿在参与的过程中感受活动乐趣，体验分享乐趣，让幼儿成为环境的主人。教师将满满的爱写在教室，写在走廊，写在每一个楼梯拐角，使幼儿园真正成为幼儿快乐学习和成长的乐园。

图 2-5-1　园所文化墙

图 2-5-2　幼儿参与创设的文化墙

三、会变化的墙——参与性

　　墙面设计从内容来源的多样性、主题的丰富性等方面满足师幼亲密关系的需要，营造幼儿与幼儿之间的情感氛围，发挥幼儿的主体性和参与意识。幼儿不仅身体好动，喜好也会随着思想意识的发展而发生变化。为了让幼儿对幼儿园始终保持新鲜感，墙面设计不可"永久"，避免产生审美疲劳。正确的做法应该是，打破一成不变的观念，适时地增加墙面设计的可变性。

图 2-5-3　将墙面制作成磁性主题墙　　　　图 2-5-4　利用墙面展示主题进展

四、可赏心的墙——教育性

为了保证环境的教育作用，注重五育并举，促进幼儿的全面发展，充分体现环境的教育价值，室内墙面环境创设应结合幼儿的现有发展水平、兴趣和幼儿园课程方案，服务于幼儿发展和课程走向。同时，我们可将游戏功能搬到墙面上，既丰富了空间内容，又极大提升了空间利用率。墙面设计时主要遵循功能与"颜值"并存的原则，可将墙面作为展示墙，将幼儿的探究过程、美工作品贴上墙，让幼儿能够实时回顾游戏历程；也可将搭建、涂鸦、攀爬等游戏功能搬上墙，如各类主题墙的创设。

图 2-5-5　利用墙面展示植物探究过程　　　　图 2-5-6　将科学探究搬上墙面

图 2-5-7 洞洞墙　　　　　　　　　　图 2-5-8 涂鸦墙

　　主题墙是幼儿园课程的主要体现，是幼儿与环境、教师、家长、同伴等交流的一种桥梁。其作用是引领幼儿探索学习，梳理、记录幼儿在探索中的发现和获得的经验，反馈幼儿的成长，帮助幼儿学会主动学习。主题墙具有教育性，通过主题墙，教师能充分、有效地倾听幼儿的想法，为幼儿提供有针对性的引导和帮助，及时调整活动计划；通过主题墙，家长不仅可以了解孩子的成果，还可以了解孩子学习的每一个过程及其在班级整体中的发展水平。主题墙的展示充分体现了幼儿园课程的走向、幼儿的情感、幼儿的发展水平，以及幼儿的具体形象思维。

　　主题墙创设时需要注意以下几点：一是主题墙的创设要统一规划，每个班级上位墙饰主要设置评价栏、主题介绍、作品等，以欣赏为主；下位墙饰以师幼互动为主，创设探索墙、互助墙、区域墙等，便于幼儿操作。二是主题墙创设的内容应渗透幼儿学习和发展的五个领域，同时要不断变化，具有阶段性。三是把幼儿感兴趣的事物放入主题墙的创设中，让幼儿以主人的身份参与环境创设，把自己的所思、所想和真实情感融入墙饰。四是主题墙伴随课程的开展而改变。通过主题墙，幼儿园可以逐步展现幼儿的作品，可以布置互动墙，也可以根据主题的内容预留空白，采用主题墙背景不变、主题内容常变的策略。五是引导幼儿参与环境创设，共同构想环境创设，共同参与环境创设的布置，共同参与主题环境互动，进行环境创设反思。六是引导家长参与互动，让家长了解主题，邀请家长共同收集材料，共同参与环境创设，调查评析，协助做好主题活动的延伸。

  设计一所好幼儿园

五、能悦目的墙——艺术性

墙面的视觉面积比较广阔，考虑到儿童的视觉舒适与健康，我们建议尽量选择浅色系，做到统一、协调。那些颜色太过鲜艳、形式过于花哨的设计，会让孩子们的注意力不集中。无论是幼儿园外墙还是内墙的用色、比例，整体色调必须是统一的，这和绘画中所提的"五色兼施，必有主色"的原理相通。在墙体设计中，一般以纯色为墙面主体颜色。从幼儿的角度去思考，建议选择明黄色、天蓝色等较强敏感度的色系，注重对比色的使用，增加墙体的跳跃感，同时需注意整体色调布局的协调性。

图 2-5-9　选择明黄色、天蓝色的园名墙和园理念墙

比如，对电视背景墙，我们可结合园所的环境创设理念进行造型设计，保证理念和实践结合、室内和室外空间延续、审美和谐统一。色彩以淡雅为主，凸显层次感，背景墙局部留白以留有呼吸的余地，让环境更显舒雅、安静。同时，根据风格定制柜子，组合设计背景墙和一体机，在背景墙上可增加收纳空间，不使用一体机时通过推拉挡板进行收纳，提高空间利用率；还可以摆放一些随时可替换的幼儿作品，简约大方，起到很好的装饰作用，并使空间有层次感。

图 2-5-10　电视背景墙

总之，管理者应该认识到，一所幼儿园的空间设计不单要满足幼儿的需求，还需满足幼儿园教师、家长的需要，考虑多方需求，共筑温馨、和谐、安全的空间环境。幼儿园公共环境的规划和创设，核心原则是以人为本，应能让每一位身在其中的幼儿、教师、家长或来访者感到舒适，体验到被尊重、被接纳、被关爱。

温馨提示

厨房设计应符合国家有关卫生标准和行业标准［如《饮食建筑设计规范》（JGJ 64—2017）的规定和《托儿所、幼儿园建筑设计规范》（JGJ 39—2016）（2019年版）的相关要求］。公共环境设计比较富有挑战性，尤其是墙面、走廊、露台等的设计。除一些安全的标准外，选材、色彩等方面还要符合幼儿的视觉习惯，满足美化、儿童化、安全性、实用性和教育性。需要注意的是，设计应体现整体、统一的风格，避免色彩浓艳杂乱、风格多样、环境杂乱，缺少美感，还要避免出现因盲目追求高档、奢华而忽视儿童的需求。在强调儿童化的同时，要对儿童化有正确的理解，切忌认为要儿童化就要有卡通形象、动物造型，就要颜色鲜艳、浓烈，从而使幼儿园整体环境幼稚化。

第三章

活动室设计

　　幼儿园的班级是幼儿在园生活与学习印迹的中心，是幼儿成长中不可或缺的重要场所。环境作为不会说话的老师，是一个动态的生命体，对幼儿全面发展具有重要的价值与意义。2012 年颁布的《3—6 岁儿童学习与发展指南》，强调"关注幼儿学习与发展的整体性"和"尊重幼儿发展的个体差异"。2016 年 3月 1 日施行的《幼儿园工作规程》中明确指出："幼儿园应当将环境作为重要的教育资源，合理利用室内外环境，创设开放的、多样的区域活动空间，提供适合幼儿年龄特点的丰富的玩具、操作材料和幼儿读物，支持幼儿自主选择和主动学习，激发幼儿学习的兴趣与探究的愿望。"

　　幼儿园在创设班级环境时，首先要树立正确的幼儿观，认可幼儿对世界的认知，相信每一个幼儿都是独立的个体，都是积极主动、有能力的学习者。其次要了解幼儿的学习方式，关注幼儿的兴趣点，基于幼儿视角，追随幼儿脚步，创设以幼儿自主的"学"引发教师支持性的"教"的生活学习环境。幼儿需要在一个丰富、有序、充满挑战的学习与生活环境中，按照自己的学习方式和速度自主体验、积极探索、合作互动、大胆表达与实现自己的想法，以促进情感、认知、表达、社会交往等方面的发展。

　　本章将从卫生间空间设计、区域空间规划、午休空间布置、生活设施安排四个模块进行具体介绍。

第一节　卫生间空间设计

　　养成和习得良好的盥洗习惯，是保障幼儿身体健康的第一道防线。教育家陈鹤琴先生曾说："习惯养得好，终生受其益"。幼儿园盥洗环节的建立，能够帮助幼儿从小建立良好的生活习惯，引导幼儿懂得盥洗对身体健康的重要性，对盥洗活动感兴趣，能够积极参与盥洗活动。良好的行为习惯是一种高层次的自觉行为，是一个人心理素质的重要表现，是形成良好个性品质的重要基础，对幼儿形成良好的意志品质、保护幼儿的身心健康方面有重大意义，也是幼儿园保育教育工作的重点之一。

幼儿在园的盥洗活动主要包括洗手、漱口、洗脸、梳头四个环节。在幼儿一日生活中，盥洗环节所占的时间各不相同。洗手是最频繁的一项活动，如幼儿饭前饭后、便前便后、运动前后都需要将手清洗干净；漱口活动在幼儿每天餐点后进行，一般每天要进行四次左右；洗脸和梳头活动一般在幼儿每天午睡后进行。

幼儿是在做中学、做中求取真知识。创设真实情境，在保证安全、卫生的前提下，努力为幼儿还原真实的生活情境，让幼儿在情境中充分自主地体验生活的经验、解决真实的问题。为此，在创设卫生间环境时，把握科学性、适宜性、生活化的原则，支持幼儿在直接感知、实际操作、亲身体验中获得生活经验。

一、设计原则

（1）科学性原则。结合《托儿所、幼儿园建筑设计规范》（JGJ 39—2016）（2019 年版），规范设计卫生间空间。基于卫生间空间实际，做设计思路与要点分析，深思空间的合理利用，确保其发挥最大的使用价值和教育价值。

（2）适宜性原则。满足幼儿使用卫生间设施设备的需要，关注幼儿与环境互动的适宜性。

（3）生活化原则。卫生间如同幼儿平时真实生活空间的缩小版，幼儿在这个空间是充分自主的。其设计应体现"一日生活皆课程"的理念。

  设计一所好幼儿园

二、设计规范

按照《托儿所、幼儿园建筑设计规范》（JGJ 39—2016）（2019 年版）的规定，卫生间包含盥洗室和厕所，其中，幼儿园盥洗室面积不得小于 8m²，厕所不得小于 12m²。卫生间所有设施的配置、形式、尺寸均应符合幼儿人体尺度和卫生防疫的要求。其中，盥洗池距地面的高度为 0.50~0.55m，宽度为 0.40~0.45m，水龙头的间距为 0.55~0.60m。

卫生洁具布置应符合下列规定：大便器宜采用蹲式便器，大便器或小便器之间应设隔板。无论采用蹲式便器还是坐式便器，均应有 1.2m 高的架空隔板，隔板处应加设幼儿扶手。厕位的平面尺寸不应小于 0.70m×0.80m（宽×深），沟槽式的宽度宜为 0.16~0.18m，坐式便器的高度宜为 0.25~0.30m。

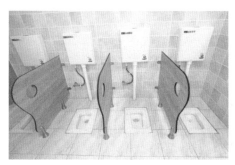 

图 3-1-1　蹲式便器　　　　　　　　图 3-1-2　坐式便器

盥洗室应临近活动室或寝室。盥洗室与厕所宜分间或分隔设置，应有良好的视线贯通，且室内不应设台阶。盥洗台、厕所的高度、间距及进深应符合幼儿使用需求。盥洗室水龙头应采取降压措施。盥洗室的门不应直对活动室和寝室，室内宜有直接的自然通风。无外窗的卫生间、公共淋浴室应设置防止回流的机械通风设施，防止相邻房间窜味。机械通风装置根据房间换气需要来设置。

每班卫生间的卫生设备数量不应少于《托儿所、幼儿园建筑设计规范》（JGJ 39—2016）（2019 年版）中的相关规定，且女厕大便器不应少于 4 个，男厕大便器不应少于 2 个。

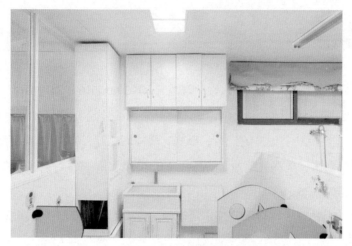

图 3-1-3　盥洗室

夏热冬冷和夏热冬暖地区，托儿所、幼儿园建筑的幼儿生活单元内宜设淋浴室；寄宿制幼儿生活单元内应设置淋浴室，并应独立设置。淋浴室地面不应设台阶，地面应防滑和易于清洗。

为有利于环境卫生、方便使用和清洗消毒，应尽可能采用室内水冲式厕所，并分班设置。

除了满足以上规范标准，幼儿园卫生间还要满足储物、清洁等功能，不仅要设置符合幼儿年龄特点的毛巾架、镜子等，还要设置教师专用的厕所、储物柜、拖把清洁槽等。有条件的幼儿园还可配置洗衣机、消毒柜等。

三、设计思路与要点

1. 厕所男女分区、隐私门

卫生间内便池应男女分区，砌砖隔开，男女各在一侧，这样有利于幼儿性别意识的形成。将生活中的真实情境延展和迁移到卫生间，用有性别区分的图案将卫生间分为女厕与男厕。在男女厕前增设隐私门。隐私门高度适宜，在能保护男女生隐私的同时，也便于教师观察两侧幼儿情况；在提高私密性的同时，保障幼儿安全。卫生间地面采用防滑地砖，保证环境安全。

图 3-1-4　厕所男女分区、隐私门

2. 厕所隔板扶手

女厕均为蹲式便器，男厕除蹲式便器外，还应设立专用小便池。在每个便池中间设置隔板，便池的隔板高度应与该年龄段幼儿身高适应，并设计扶手，便于幼儿扶立，满足幼儿个体差异的需求和需要。

图 3-1-5　厕所隔板扶手

3. 盥洗室毛巾架

毛巾架需离墙 10cm，防止毛巾直接接触墙面，造成二次污染。幼儿园应为每名幼儿提供一条毛巾，供其擦嘴、擦手。定点、定位并做好标记，间隔悬挂毛巾，防止混淆和交叉感染，幼儿通过号码找到自己的毛巾，在环境中体现尊重幼儿、相信幼儿的理念。同时根据幼儿身高设计毛巾架，方便幼儿取用。

　　水龙头也可采用多样的设计方式，使幼儿在洗手时，能通过观察，了解生活中不只有"一种水龙头"，知晓水龙头有不同的形状、不同的颜色、不同的开关方式、不同的材质。这样的设计体现了"一日生活皆课程"的理念。

图 3-1-6　盥洗室毛巾架和水龙头

4. 七步洗手法与镜子

　　七步洗手法的流程图应张贴在显眼处，形象、直观地提示幼儿按正确方法洗手；镜子装在适宜幼儿使用的高度，方便幼儿关注自己的仪表。这些设计都体现了以幼儿为本的设计理念。幼儿需要发现自己的生活需求并积极利用环境满足自身需求，主动适应环境，在与环境的互动中，观察、发现、学习和成长。

图 3-1-7　七步洗手法流程图与镜子安装位置

  设计一所好幼儿园

5. 水龙头延长

卫生间的水龙头做延长处理，方便幼儿洗手。延长器可选用幼儿喜欢的卡通图案，提高幼儿洗手的积极性与主动性。延长器能避免水花溅湿幼儿的衣服，于环境中体现理解幼儿、服务幼儿需求的理念。

6. 洗手、如厕排队站位标志

卫生间地面上标明站位点，以提醒幼儿人多时排队，指引幼儿建立良好的秩序感，鼓励和支持幼儿自己的事情自己做，培养幼儿的自我服务意识和能力。在保证安全、卫生的前提下，避免过度照料、过度保护和包办代替，支持幼儿自己解决问题。洗手池前面可用绿色圆点提示幼儿正确的站位。细节处的设计也体现了幼儿园利用环境培养幼儿良好生活习惯的理念。

图 3-1-8　如厕排队站位标志　　　　图 3-1-9　洗手排队站位标志

7. 窗户

卫生间的窗户宜设在高处，这样既能保护幼儿隐私，也能通风去味。同时，适宜的光线满足了幼儿如厕时的需要，带给幼儿和谐、安全之感。天花板使用简单的白色吊顶，使整个空间明亮而简洁。厕所内规范安装有消毒灯，为幼儿盥洗提供更加卫生的环境。

8. 漱口池

在活动室内的操作台设置不同高度的水池台面，满足不同身高的幼儿在同一时间漱口的需求。幼儿不需要再专门跑到卫生间进行漱口，可以直接在操作台进行漱口。这样的设计体现了生活环节就近的原则，激发幼儿同伴间的观察、比较，同时方便教师及时关注、引导幼儿，让幼儿形成良好的漱口习惯。

图 3-1-10　操作台漱口池

9. 随处洗手设施

幼儿的盥洗活动不应只在活动室内开展。幼儿园在早晨一入园便要求幼儿洗手，所以可在大门处设置洗手池，并在环境中张贴"七步洗手"，方便小年龄段的幼儿在洗手时及时参看图示。同时，为满足不同年龄段幼儿的需要，设置不同高度的盥洗盆，尊重幼儿在盥洗时的需要。结合幼儿在户外运动、游戏的需要，设置洗手池，体现"一日生活皆课程"的理念，方便和满足幼儿随时洗手的需要，支持和培养幼儿养成良好的洗手习惯。

图 3-1-11　大门处的洗手池

图 3-1-12　户外洗手池

设计一所好幼儿园

10. 托育班的盥洗室

为了更好地为托育班级的婴幼儿提供照护工作，在托育班级中创设适宜的婴幼儿一体式浴盆，使托育班的婴幼儿在此得到及时的洗护照护服务。婴幼儿一体式浴盆的尺寸为 100cm×60cm×90cm，材质为亚克力，配有卡通花洒，满足婴幼儿的洗护需求，同时还设置有婴幼儿在洗澡后接受抚触、按摩的操作台。

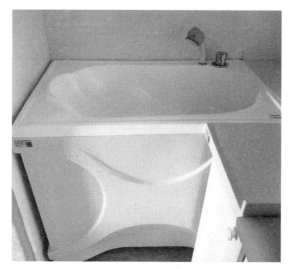

图 3-1-13 托育班的盥洗室

11. 教师厕所

除走廊的公共厕所外，为了在园内更好地开展保育工作，建议在活动室内设置教师厕所，方便班级教师带班时临时上厕所，保证教师有更多的时间关注幼儿在生活、学习、游戏中的需要。教师厕所设置在卫生间内，采用私密性良好的全封闭式设计。

12. 幼儿淋浴区

为更好地给予幼儿保育支持，在幼儿班级中创设适宜的活动室内洗浴喷淋装置。活动室内洗浴喷淋装置配有冷热水器、花洒。班级幼儿如遇特殊情况需要淋浴时，便可在此得到及时的清洗，满足幼儿临时清洗的需求。

图 3-1-14　活动室的幼儿淋浴区

13. 色标管理

按照"翔安教育集团班级色标管理"的要求，工具间和班级操作台两个地方需要将毛巾、拖把、桶按照不同颜色进行色标管理，即规定每个颜色的工具对应不同功能，如班级桌面专用、柜子专用、卫生间专用等。不同颜色的抹布挂在固定的位置，既方便取放，又避免相互污染。

图 3-1-15　色标管理指示图

（1）工具房。教室与卫生间需要用到很多清洁工具，如拖把、扫帚、抹布等，这些物品不宜放在班级活动室内或走廊里，通常将其放在盥洗室，既方便

  设计一所好幼儿园

班级教师合理地管理清洁工具，保证物品的存放妥当，又不影响班级环境的整洁美观。工具房的门上应设置幼儿锁，防止幼儿误入。工具房内可悬挂拖把、抹布、水桶等物品，所有物品分类、有序地摆放，体现幼儿园精细化管理的理念。

图 3-1-16　工具房

图 3-1-17　工具房内的拖把摆放

图 3-1-18　工具房内的抹布摆放

（2）操作台的抹布。将色标管理指示图粘贴在操作台面，能够让使用者一目了然，了解不同颜色抹布所对应的功能，保证工具使用的规范性。操作台的规范使用能增强幼儿园一日活动的科学性，为幼儿提供健康的生活和活动环境，提高保育质量，保证在一日生活中，做到规范使用清洁用具。同时，清洁工具应被收纳在装有幼儿锁的操作台下方的柜子里，在满足生活老师拿取工具方便的同时，也保证了工具储藏的安全性。

图 3-1-19　操作柜安全锁

14. 活动室内的洗衣间

　　活动室配备洗衣间，可节省班级生活老师到洗衣房清洗毛巾、擦手巾的路程，方便班级生活老师及时对汗巾、擦手巾、毛巾等进行清洗，保证生活老师有更多的时间关注幼儿。同时，针对换洗后的物品，做到随洗、随取、随晾晒，结合"一日生活皆课程"的理念，指导幼儿在做中学，在真实情境中还原生活。比如，幼儿在直接感知、实际操作、亲身体验中学会了挂毛巾、晾晒毛巾等。

图 3-1-20　工具房内的洗衣机　　　　图 3-1-21　幼儿自主晾晒毛巾

  设计一所好幼儿园

第二节　区域空间规划

幼儿的学习是通过自己特有的方式与周围环境互动的过程，是幼儿主动探索周围环境的过程。幼儿通过实际操作、亲身体验，去模仿、感知、探究，不断积累经验，逐步地建构自己的理解和认知。《3—6岁儿童学习与发展指南》强调："要注重领域之间、目标之间的相互渗透和整合，促进幼儿身心全面协调发展，而不应片面追求某一方面或几方面的发展。"正是为了促进幼儿全面健康地成长，在设计区域环境思路上，要体现区域之间的联系与相互渗透，遵循幼儿学习与发展的整体性规律，帮助幼儿综合地实现多方面的发展。

陶行知认为，生活即教育。幼儿在园一日生活皆是教育，区域游戏在一日生活中有一定的比重，幼儿在亲身体验中能不断地建构自己的认知结构。为此，在创设区域环境时，应把握主体性、适时更新、适度留白的原则，支持幼儿在实际操作、直接感知中获得经验。

一、设计原则

（1）主体性原则。尊重幼儿的主体地位，鼓励幼儿主动参与环境设计与布置。

（2）适时更新原则。环境中展示幼儿学习历程和学习内容，呈现幼儿在活动中的经验前后的变化，不可一成不变。

（3）适度留白原则。留白能给幼儿自主探索的自由，激发幼儿产生更多的创意。

区域环境创设的过程是师幼共同参与，互相交流、对话、沟通的过程。要将环境创设作为一项重要的教育手段，引导幼儿参与环境规划设计与布置，实现多重教育目标，如培养幼儿民主参与意识，培养幼儿的环境规划、动手操作、与人协商、解决问题等能力。幼儿通过环境创设，真切地体验到集体归属感和自我价值。

二、设计规范

班级是幼儿长期生活的地方，其环境以舒适、温馨为宜，让幼儿能感受到如同家一般的温馨、自在，也能在其中收获成长。因此，班级区域的空间设计要做到以下三个方面的规范。

（1）功能分区合理，满足幼儿的生活、游戏需要。

①各活动区域之间动静分开、干湿分离，不同区域之间通道通畅。

②每个活动区相对独立，有充足的空间，避免在一个活动区空间里相互干扰。

③确保无死角，有利于教师整体照看幼儿。

图 3-2-1　幼儿活动室整体布局　　　　图 3-2-2　活动区布局明确

（2）整体环境舒适、温馨，符合幼儿的身心发展特点。

①班级环境自然采光要充足。

②声效环境音量要适宜。

③使用的桌椅板凳要符合幼儿的年龄特点。

④班级的整体色调风格要相呼应，色彩搭配简洁，避免过于杂乱。

⑤鼓励幼儿主动参与区域的设置，可根据幼儿的兴趣和当下的课程进行区域的设定。

  设计一所好幼儿园

图 3-2-3　活动区采光充足　　　　　　　　图 3-2-4　活动区风格统一

（3）因地制宜地创设多种区角，活动区标识明显，利于幼儿识别选择。

①区角的命名方式无须追求统一，以幼儿为主，幼儿能听懂即可。

②巧妙利用走廊。

③鼓励幼儿进行有意义的跨区合作、分享、交流。

图 3-2-5　因地制宜设计活动区　　　　　　图 3-2-6　巧妙利用走廊

三、设计思路与要点

在幼儿园班级环境创设中要坚持尊重幼儿的权利、满足幼儿的需要、支持幼儿的经验均衡、关注幼儿经验的逐步积累、重视环境的过程轨迹以及适度留白的思路。

1. 尊重幼儿的权利

尊重幼儿的权利是班级环境创设的基础，在环境创设中体现幼儿的物品、幼儿的标记、幼儿的作品、幼儿的表征、幼儿的意愿、幼儿的问题和想法等。

2. 满足幼儿的需要

幼儿的需要是丰富的、多元的，有物质和精神的需要，有阶段性和未来的需要，有个人和小组团队的需要，这意味着在班级环境创设中要满足幼儿多元的、多层次的需要。为此，教师要充分思考这些影响幼儿需要的元素，在环境创设过程中不断地、始终地关注幼儿参与环境创设的想法和行为。

3. 支持幼儿的经验均衡

区域环境、主题环境是班级环境的主要组成部分，在创设环境时，我们要考虑到幼儿在健康、社会、科学、艺术、语言五大领域中的经验获得。在区域规划中，统筹各区域的关键经验，支持幼儿在参与创设环境中获得五大领域的关键经验。

结合生活、运动、游戏、学习经验的迁移与渗透，在邀请幼儿参与墙面环境创设时，要充分考虑幼儿的兴趣需要和已有经验，在环境创设中要预留幼儿主动探索和自由交往的空间，在预设的环境中寻求幼儿经验新的生成点，从而支持幼儿的探究兴趣和想法。

4. 关注幼儿经验的逐步积累

幼儿园应重视环境的适时更新与优化，了解幼儿的经验水平，让班级环境呈现幼儿经验的阶段性和递进性。过程中，教师要善于观察幼儿的行为，通过幼儿的语言、幼儿的表征内容、幼儿与同伴交往的方式、幼儿的游戏行为等方面的经验能力，了解班级幼儿的共性需求、问题需要和递进想法，用以研判环境呈现的内容。

5. 重视环境的过程轨迹

幼儿的兴趣和需要不断在积累的过程中发生变化与迭新，班级环境要呈现幼儿在活动中的动态过程、经验前后的变化、反思经验的广度和深度等。

6. 适度留白

留白能给幼儿自主探索的自由，激发幼儿产生更多的创意。

● 阅读区设计

《3—6岁儿童学习与发展指南》指出："语言是交流和思维的工具。"幼儿期是语言发展，特别是口语发展的重要时期。语言区是促进幼儿语言发展的重要区域，也称为读写区或阅读区。

教师在创设阅读区时，应选择一个安静且不易受干扰的空间。阅读区可设置在教室中采光好的地方，配置窗帘、照明设备，供幼儿根据需要调节光线。教师应根据教室的布局为阅读区创设出自由、温馨的环境，如提供一些沙发、地垫等，让幼儿能舒适入座，放松身心。

创设阅读区时还应选择适宜的书架便于幼儿取阅；制作对应的标识，方便幼儿自主整理；基于幼儿的兴趣或近期开展的主题活动，投放相应的图书；图书摆放要便于幼儿取放；为每一本图书与书架放置的位置设计适宜的标识，方便幼儿自主整理。还可投放一些毛绒玩具或玩偶，这样不但可以吸引幼儿，还有助于引导幼儿在阅读的同时开展角色扮演游戏，加深对图书内容的理解。

图3-2-7　幼儿在阅读区自主游戏　　　　图3-2-8　幼儿自主阅读

● 科学区设计

幼儿科学学习的核心是激发探究兴趣，体验探究过程，发展初步的探究能力。为此，教师应以幼儿的兴趣和需求为出发点，以幼儿探究为核心，创设一个具有挑战性和趣味性的科学区。

其环境创设可围绕近期幼儿关注的一个主题进行材料投放和更新，如要探究事物的现象和本质，可提供塑料杯、纸箱、钢尺、钥匙、橡皮……引导幼儿探索和发现生活中的科学现象。还可以定期添加一些工具或书籍，深化幼儿的学习探究活动。

科学区要贴近幼儿的兴趣、需要和年龄特点，让他们能够按照自己的学习方式和进程，自主选择材料和活动内容，自由结伴，主动探索和学习。同时，采用不同的方式为每一种工具添加标识、标记名称，如用粘贴图片、文字，音频播放或教师在集体活动时讲解等来说明使用方式。

图 3-2-9　材料丰富的科学区

图 3-2-10　幼儿在科学区记录实验过程

● **美工区设计**

美工区是幼儿自由欣赏和自主创作的重要场所，是让幼儿感受美、表现美、创造美的小天地。幼儿能够通过运用各种美工材料充分表达自己的想象力和创造力，选用不同的工具和材料与同伴友好地合作，用绘画或手工这些外显的表现形式表达自我。

教师在规划美工区时，应选择光线充足的区域，利于幼儿在明亮的环境中进行创作，保护幼儿的视力。

除了区域的选择和艺术氛围的营造，美工区的材料也是激发幼儿创造的关键。教师可提供一些生活中收集的物品，如瓶子、吸管、布的边角料、相框等，也可提供一些自然物，如树枝、树叶、贝壳、石头等，以激发幼儿的创作热情。

  设计一所好幼儿园

教师可以利用班级的区域柜、展示架、桌面等展示幼儿的作品。幼儿的作品组合在一起就成为环境中的装饰物。当幼儿看到自己的作品被展示出来而产生的成就感，能进一步激发他们的创作欲望，如将幼儿制作的一个个创意无限、色彩鲜艳的小木片集合起来或串起来，经组合粘贴在墙面上或悬挂起来，形成一幅亮丽画面，可进一步激发幼儿的艺术创想。

班级里还可在墙面上专设一块涂鸦区。涂鸦是幼儿的天性，而纸面的大小有限，对于手部精细动作待发展的幼儿来说，并非一个自由发挥想象力的最佳选择。涂鸦墙让普通墙面变成可供幼儿任意涂涂画画、挥洒创意的面板，更大范围的空间能够让幼儿尽情施展，较受幼儿喜爱和欢迎。

图 3-2-11　美工区作品展示　　　　图 3-2-12　幼儿操作美工材料

● **自然角设计**

自然角属于生态系统的一部分，更是幼儿认识自然界的窗口。它为幼儿提供了亲自管理、长期观察、动手操作的活动场所，幼儿可以在教师的引导下参与自然角的活动。

教师在确定自然角的位置时应该先了解植物的生长特性，再根据空间的实际大小开辟一至两个角落。在创设的过程中可将种植区与幼儿的艺术创意有机联系起来，如巧妙利用塑料瓶、轮胎和 PVC 管做造型。还可将幼儿生活中使用过的物品进行再利用，激发他们的兴趣和关注，如将幼儿穿旧了或不再合脚的雨鞋作为花盆类容器等。此外，利用墙边的立面空间，巧妙放置双层或多层花盆，增加种植面积。

在种植的过程中，幼儿会有照顾整理植物的任务。教师可以在自然角设置一个工具存放处，当幼儿需要用到工具时，可以自由地取放、使用。

自然角除了种植绿植，还可以种植豆子、玉米、辣椒等农作物，便于幼儿观察作物的生长。

图 3-2-13　幼儿养护绿植

● **角色游戏区设计**

"娃娃家"是幼儿园一日活动中非常重要的游戏之一，它可以缓解小班幼儿入园后的焦虑，促进中大班的社会交往能力。

教师在创设角色游戏区时，应考虑幼儿的年龄特点。对于小班幼儿而言，刚从家来到幼儿园，一切对他们来说既陌生又新鲜。为了提升他们的安全感，教师应以"娃娃家"为重点，让他们体验不同的家庭角色。在场地布局上，可采用屏风进行隔断，将"娃娃家"分成家里的各个场景。还可利用地毯、小帐篷等营造温馨的环境氛围。在材料投放方面，应以幼儿家中常见的物品为主，提供较多的仿真类材料，如仿真娃娃、小衣服、纸尿裤、奶瓶、围裙、扫把等。此外，还需提供一些重要角色的服装或标志，使角色更加形象、逼真，突出角色的特点。

对于中班幼儿而言，随着他们的生活经验越来越丰富，游戏的主题也会比小班更丰富。为此，可以根据中班幼儿的兴趣开设角色区，如开设医院、理发店、烧烤店等。在材料投放方面，在部分仿真类材料的基础上，增加一些替代性材料，或鼓励幼儿到其他游戏区寻找自己需要的替代性材料，促进幼儿以物代物能力的提高。

对于大班幼儿而言，他们能自主确定角色游戏的主题，"娃娃角"重在发展幼儿与同伴合作游戏、分工与协商的能力。为此，角色游戏区的主题可以进一步拓展到生活中接触较少的情景，如银行、邮局等。在材料投放方面，应多提供具有想象力和操作意义的半成品材料，让幼儿有更多想象和操作的空间。

图 3-2-14　角色游戏区整体布局

图 3-2-15　幼儿给"宝宝"喂奶

● **建构区设计**

在设置班级建构区的场地时，可以铺上泡沫垫或地毯作为地垫，避免产生幼儿席地而坐的卫生问题，保证玩具的卫生、不易破损，减少搭建时产生的噪声。材料方面，根据幼儿的年龄特点提供不同的材料。建构材料一般分为三类：搭建类，如 EVA 软体积木、纸砖积木、桌面积木、木质积木、自主混合材料积木（纸盒、奶粉罐、易拉罐等）；拼插类，如嵌接玩具、旋接玩具、插接玩具、套接玩具、主题积塑、组合插装；辅助类，如作品展示台、搭建图例、模型玩具。

多提供低结构材料。低结构材料具有不定型、非专门化、变化多、功能用途多等特点。幼儿在使用低结构材料进行建构游戏时，需要经历一个独特的建构象征的心理活动过程，这样的过程具有较高的智力发展价值。

材料收纳方面极其重要，教师应为幼儿提供科学合理的收纳容器，便于幼儿取放；为材料与收纳的位置设计适宜的标识，方便幼儿自主整理。

在建构区设置特定的作品展示空间也是必要的。幼儿搭建后的成品虽不易保存，但可通过其他方式实现保留和展示，如通过幼儿绘画表征的方式将搭建的作品和经验保留，通过摄影的方式将成品的照片和幼儿搭建的过程保留下来并进行展示。除此之外，建构区的墙面也有重要的功能。一般来说，此墙面是展示幼儿游戏的主题、记录游戏的过程、展示解决问题的办法、分享建构经验等过程的载体。创设时，应突出"示范""欣赏""提示""分享"这四个功能。

图 3-2-16　幼儿合作搭建积木　　　　图 3-2-17　幼儿搭建成品展示

第三节　午休空间布置

午睡是幼儿一日活动中重要的环节之一。幼儿年龄越小，所需睡眠时间越长。3—6岁的幼儿睡眠时间需要 11~12 小时，其中午睡 2 小时左右。充足的睡眠不仅有利于幼儿的生长发育，也有利于幼儿顺利完成幼儿园的各项活动。一方面，幼儿睡眠时呼吸变得深长，心跳也缓慢下来，全身肌肉得到放松，氧和能量的消耗最少。此时，疲劳的细胞得到休息，又可以在血液里得到新的养分，保护脑神经细胞免于过度疲劳而损坏，体力也逐渐得到恢复。另一方面，幼儿期是肌体生长发育迅速的时期，睡眠状态下的脑垂体分泌的生长激素也会比平时多。睡眠质量直接影响着幼儿的身体健康、生长发育和学习状况。保证幼儿的午睡时间，对幼儿的成长十分重要。因此，保证幼儿睡眠休息质量，是幼儿午休空间布置所追求的重点之一。

除此之外，在设计幼儿午休空间时，还应考虑安全问题和便于保育工作的进行。幼儿年龄小，在睡眠过程中容易出现发烧、咳嗽等身体不适的情况或蒙头睡、趴睡、将细小物品带上床等危险行为。因此，午睡环节的保育不容忽视。规划寝室光线、床铺高度、床铺摆放间距等方面时，均应以方便保育人员观察、照顾幼儿为基点。同时，幼儿活泼好动，自我保护意识较弱，且睡觉时常翻身，所以，幼儿上下床铺的安全性、床铺的护栏高度等都应纳入考虑范围。

幼儿园在前期环境设计和装修阶段，应充分考虑幼儿园的功能特点，使空间满足幼儿日常睡眠休息的需要。

一、设计规范

按照《托儿所、幼儿园建筑设计规范》（JGJ 39—2016）（2019 年版）的相关规定，幼儿园活动室、寝室室内净高不应低于 3.0m，幼儿园寝室的最小使用面积不应小于 60m^2，当活动室与寝室合用时，其房间最小使用面积不应小于 105m^2。寝室窗的形式不同于活动室，一般需要高于活动室的窗台，达到 0.90m。如果幼儿的床紧靠窗户，为了防止幼儿在床上爬高，窗的下部需做固定扇，否则需要加护栏。寝室应有直接天然采光，其采光系数最低值为 3.0%，窗地面积比为 1∶5。寝室内允许噪声级为 A 声级，应不大于 45dB；空气声隔声标准不小于 50dB，楼板撞击声隔声单值评价量应大于 65dB。寝室的室内设计温度为 20℃。

二、设计思路与要点

1. 整体环境

● 声音

噪声对幼儿睡眠有一定的影响。如果幼儿睡眠时出现了很大的噪音，很可能会造成睡觉不踏实、哭闹以及休息不足等问题。噪声还会使幼儿体内的生长激素分泌减少，影响身体发育；会使幼儿的食欲下降，影响消化功能。幼儿园应给幼儿提供一个安静、舒适的睡眠环境，避免午睡空间内外声音的嘈杂。

因此，在规划建筑幼儿午睡空间时，可从以下几个方面减少噪声：

（1）选择一些隔音效果比较好的窗框和窗户的隔音条，其中窗户玻璃可以选择真空玻璃或中空玻璃，窗框以铝合金或塑钢材质的材料为主。

（2）实木门和实木复合门的隔音效果优于其他材质的门。填充物质也会影响隔音效果，刨花板填充物具有比较好的隔音、吸音效果。

（3）可通过在墙体内装入隔音毡的方式来达到隔音的目的。

- **光线**

闭眼能让眼睛处于休息状态，但是如果光线过强，会对眼睛造成一定刺激，使幼儿的眼球和睫状肌仍然处于工作状态，不能得到充分休息。长此以往，会不利于幼儿的视力发育，容易造成近视。另外，睡眠时光线过强还会对幼儿的中枢神经系统发育造成一定影响，因为过强的光线会刺激大脑，导致大脑持续处于兴奋状态，不能进入深度睡眠或者处于深度睡眠的时间较短。

幼儿午睡时教师主要通过窗帘为幼儿营造昏暗的睡眠环境。在窗帘的选择上，应重点考虑颜色、遮光性和透气性三个方面：应选择颜色较深、不刺眼的窗帘，避免让幼儿在午睡前过于兴奋；建议选择遮光性较强的窗帘，遮挡大部分光线，同时应考虑保育人员观察幼儿午睡情况的需要，不宜选择全遮光窗帘；在材质的选择上，应尽量选用透气性好的布料，以免影响寝室内空气的质量。

- **温度**

在幼儿园午休空间里，应根据地域气候特点考虑安装供暖或制冷设备。对于夏热冬暖、夏热冬冷地区的幼儿园建筑，当夏季依靠开窗不能实现基本舒适要求，且幼儿活动室、寝室等房间不设置空调设施时，每间幼儿活动室、寝室等房间宜安装具有防护网且可变风向的吸顶式电风扇，适时调节幼儿午睡空间的温度，保证幼儿睡眠质量。

同时，在通风和空气调节方面，幼儿园应在设计睡眠区域时，组织安装自然通风设施，保证轮换开启通风。房间的换气次数每小时应为 3~5 次，人员所需的新风量应不小于 20m³/（h·人）。

2. 幼儿床铺选购、收纳及摆放

床是卧室内的主要家具，因其数量多、占地面积大，所以床的基本尺寸和排列方式是卧室设计是否合理的关键。

● **床的材质**

首先，提倡用板床，不宜用软床、钢丝床，以免影响幼儿脊柱发育。脊柱发育是幼儿成长发育中的重要内容，影响着幼儿日后体型的发育。幼儿在 1 岁前就形成了 3 个脊髓弯曲，但直到 6 岁才会逐渐定型，因此，床铺不宜过硬或过软。

其次，应选择安全无毒的材质。幼儿每天午睡时间达 2 小时左右，与床铺接触的时间较长，且幼儿皮肤的渗透性强，因此，为保障幼儿的身体健康，应重视床铺材质的安全性，材料必须符合检测标准。

再次，应选择打磨光滑的材质，尤其边角应光滑无毛刺。幼儿睡眠时与床铺直接接触，所以幼儿园应选择光滑的材质，避免影响幼儿睡眠质量甚至划伤幼儿。

最后，应选择防潮材质，尤其在南方地区应避免使用无漆木床。无漆木床受潮后易滋生细菌等，危害幼儿身体健康。

● **床的种类**

不提倡幼儿睡通铺和双层床。幼儿的被褥、床单、被套、枕头、枕套等物应专人专用，以保证卫生，防止疾病传染。幼儿园常见的床铺有以下几种。

（1）推拉床。

推拉床包括上床体、下床体、与上床体连接的上床端头板、与下床体连接的下床端头板、支撑下床体的撑脚以及连接上床体和下床体的撑杆。在上床端头板和下床端头板上设有滑槽，滑槽内设有滑块和卡头；连接上床端头板和下床端头板的撑杆一端活动连接于一床端头板的一端，另一端活动连接于同侧的另一床端头板的滑块上。推拉床具有结构简单、使用方便的优点。在成人指导下，幼儿也能够完成推拉床的收纳。

幼儿活泼、好动，但安全意识差，易发生嬉闹、攀爬等行为，容易发生坠落事故。因此，幼儿园采用推拉床时，要注意房间的高度与床的高度，要确保最上层幼儿站起来时不碰到天花板，中间留有一定的间隔。

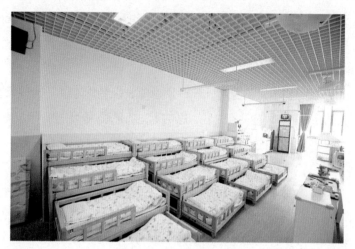

图 3-3-1　抽屉式推拉床

（2）叠床。

幼儿园叠床是将同尺寸的床铺叠高收纳。从搬动的便利性和安全性考虑，一般应选择设有提手、重量适中的床铺。

图 3-3-2　叠床

（3）双层床。

因条件限制只能采用双层床的园所，床铺离寝室的窗户至少 1.5m 远，上铺护栏的高度要保证幼儿翻身时不会翻落床外。双层床的高度不可超过 1.3m。为保证幼儿安全睡眠，以幼儿站在上铺不碰头为好（日常要严格要求睡上铺的幼儿不能站在床铺上，以坐着穿脱衣服为好）。吊扇下面不能放双层床。

（4）通铺。

因条件限制只能采用通铺的园所，可采用榻榻米作为午睡工具，将榻榻米清洗、消毒后铺上被褥供幼儿午休。垫褥可以合用，但盖被和枕头要做到专人专用。通铺的大小、长度要适合幼儿的身高和人数——头、脚不能伸出铺外，人均铺位宽度不小于 60cm。

图 3-3-3　通铺

● **床的大小**

床长应考虑幼儿身高特点，为幼儿平均身高加 25cm；床宽应为幼儿最大体宽的 2 倍。对于床高，应同时考虑幼儿的安全和保育人员工作的便利性：床铺若过高，幼儿睡眠时可能会因翻身等动作跌落受伤；床铺若过低，则不便于保育人员巡视、照顾及管理幼儿午睡。

- 床的颜色

幼儿午睡时，需要一个安宁、平和的环境，因此应避免布置颜色过于鲜艳、刺眼的床铺。柔和、不刺眼的床铺颜色能够让幼儿放松神经，安抚幼儿情绪，为幼儿入睡营造良好氛围。

- 床的摆放

（1）幼儿床位布置常采用两床相靠或成组排列的方式，但并排床位不应超过2个，首尾相接床位不宜超过4个，即并排又首尾相接床位不宜超过4个。

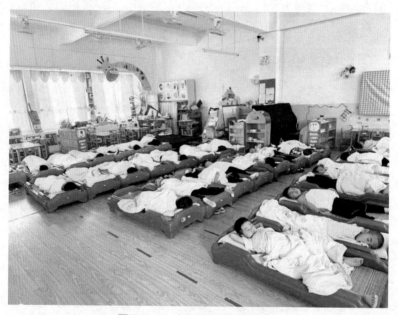

图 3-3-4　午睡采用首尾相接式

（2）为便于保育人员照管，每个床位应有一边靠近过道。

（3）寝室内主通道不应小于0.9m，次通道不应小于0.5m，两床之间通道不宜小于0.3m。

（4）为防止幼儿睡眠时受凉，床不能紧贴外墙和窗设置，床与外墙和窗的距离不应小于0.4m。

- 被褥的选择

幼儿午睡时与被褥直接接触，在选择被褥时，幼儿园应选择柔软舒适的材

  设计一所好幼儿园

质，以符合《国家纺织产品基本安全技术规范》（GB 18401—2010）A 类婴幼儿纺织产品标准为佳，且不宜过重、过闷，防止幼儿午睡时因被褥不舒适而踢被、频繁翻身等。

在图案选择上，建议选择卡通、童趣、幼儿喜爱的，为幼儿午睡营造更加温馨的氛围。

- **床铺及被褥收纳**

幼儿园床铺及被褥收纳应考虑以下问题：

（1）安全。床铺多为坚硬的材质，幼儿在活动室内活动时容易撞到床铺或被床铺绊倒。为减少事故的发生，床铺应收纳在幼儿不易碰撞的地方，尤其是卧室与活动室合并设置时。

（2）空间。许多幼儿园场地空间有限，卧室与活动室合并使用。在这样的空间设置中，床铺的收纳应尽可能地节省空间，为幼儿活动、游戏的开展创造更大的空间。

（3）防污染。被褥的卫生情况将直接影响幼儿的健康，因此，床铺不使用时应避免幼儿接触，防止食物等杂物掉落在床铺上。同时，应考虑被褥防尘。

午睡后需及时将床铺进行收纳，常见的收纳方式有：

（1）推拉床一般配有专门的挡床板，将床铺推合后，再将挡床板与最上层床铺扣合。挡床板的优点在于能够将床铺侧面全部遮挡，让活动室内美观整洁，还能作为墙面与幼儿互动；缺点是最上层床铺无遮挡，较容易落灰，因此应注意被褥的日常清洁。

（2）叠床常收纳于班级角落，一般配有防尘帘布。

（3）使用榻榻米作为午睡工具的，应就近设计专用收纳柜收纳幼儿被褥。

第四节　生活设施安排

保教结合是学前教育的重要原则，幼儿的年龄决定了他们生活自理能力弱、未形成良好生活习惯等。幼儿园一日生活中，生活环节时间占比大，因此，幼儿生活环境创设和生活设施的安排是不容小觑的。

从硬件层面考虑，生活设施的安排应从幼儿园保育、卫生标准等方面进行设计，在保证设施安全的前提下，设施能够满足幼儿的生活需求，保障幼儿健康地生长、发育。与此同时，还应适宜幼儿的年龄特点，包括身高、认知水平、操作水平等。比如，橱柜的高度应便于幼儿取放物品；饮水机的操作应安全、便捷，便于幼儿操作。另外，还应方便保育人员开展保育工作，如台面的高度、消毒柜的摆放位置等应便于操作。

从环境的教育性考虑，《幼儿园教育指导纲要（试行）》明确提出："环境是重要的教育资源，应通过环境的创设和利用，有效地促进幼儿的发展。"环境作为一种"隐性课程"，对幼儿园的日常教育活动起着重要的作用。幼儿园生活环境应该能够融入幼儿的生活，走进幼儿的生活，服务于幼儿的生活，引发幼儿积极地探索生活环境中的奥秘，与环境互动。应根据幼儿在园生活情况，深入贯彻"一日生活皆课程"的教育理念。幼儿园室内生活环境可包括签到墙、值日生板、天气预报板、生活记录（饮水、进餐）、入园和离园等。关注生活环境，在创设整洁、美观、方便幼儿使用的环境的同时，将收纳、整理的隐形教育理念蕴含在环境中，支持幼儿形成良好的自我管理能力和秩序感。

一、设计思路与要点

1. 硬件设施

● 生活操作台和收纳柜

在活动室内可根据需要配置生活操作台，其功能包括但不限于盥洗、分餐、消毒等。操作台的高度应适宜保育人员开展工作，台面材质应选择坚硬、不易发霉的材质，如石材。应配备水龙头和水槽，方便盥洗。为防止盥洗时水花喷溅，还可在水槽边沿加装防溅挡板，进一步保障卫生。消毒柜的安装可采用吊柜方式，不占用台面空间；在容量的选择上，应考虑幼儿园各班级平均人数及水杯、餐具大小等。

操作台上方可做吊柜，用于生活用品或其他闲置物品的收纳。设计吊柜时，应注意高度适宜，既保证充足的空间，又能防止保育人员碰伤。吊柜可将开放

  设计一所好幼儿园

式和封闭式结合，用于存放不同类别物品，如较常使用的生活消耗品可放置在开放式橱柜中，不常使用的或防尘要求较高的可放置在封闭式橱柜中。

操作台和吊柜之间的墙面可根据需要用于垂挂抹布、张贴工作规范、收纳生活类登记簿等。

图 3-4-1　生活操作台和收纳柜

- **漱口池**

培养儿童良好卫生习惯，饭后漱口是关键之一。幼儿园活动室内可设高度适宜的漱口池，方便幼儿饭后取水漱口，同时也方便教师观察、指导幼儿养成漱口习惯。

2. 家具

- **衣帽和书包收纳处**

在活动室内应为幼儿提供专门的衣帽和书包收纳处，收纳处应能供每一名幼儿收纳自己的私人物品。可巧妙利用活动室内边角地带，最大程度地利用空间。可设计高度、宽度适宜的衣橱，并配尺寸合适的衣架，供幼儿自主取放衣物，培养幼儿的自我服务意识。书包收纳处可做多层设计，以节省空间。

- **帽架**

《幼儿园工作规程》中指出，幼儿园要保证幼儿每天不少于两个小时的户外活动。夏季天气炎热，过强、过久的日晒容易导致幼儿晒伤、中暑等，因此，应提醒家长为幼儿准备遮阳帽，保障幼儿健康、安全地进行户外活动。为方便幼儿取放、收纳遮阳帽，可利用走廊空间放置帽架。帽架上应配有足量的挂钩，且层层错开，帽子与帽子之间保持一定距离，避免帽子堆积导致细菌滋长、发黑发臭等。

- **水杯架**

从卫生、健康角度考虑，每名幼儿都应有自己专用的喝水杯。《托儿所幼儿园卫生保健工作规范》中规定："儿童日常生活用品专人专用，保持清洁。要求每人每日 1 杯专用"。为便于幼儿取放水杯喝水，应在饮水机附近配置水杯架。水杯架内应有单独的分格，每格只放置一个水杯，避免接触污染。

墙面水杯架应配有防尘帘，防止杯子内部落灰等污染。立式水杯架一般带有橱门，摆放时应注意方便幼儿开橱门。

 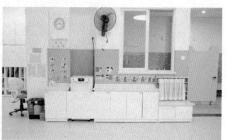

图 3-4-2　水杯架　　　　　　图 3-4-3　配有防尘帘的水杯架

3. 电器

- **照明**

幼儿的视力正处于发育时期，采光和照明对幼儿的视力发育至关重要。室内应当有充足的自然光，但同时应当配置足够的灯具。提倡用节能灯具。可以按照 $15W/m^2$ 的标准为活动室安装高光效、长寿命和显色性好的荧光灯或 LED 灯。荧光灯应该采用电子镇流器，避免噪音和频闪现象。

- **紫外线杀菌灯**

《托儿所幼儿园卫生保健工作规范》中规定：儿童活动室、卧室应当经常开窗通风，保持室内空气清新。每日至少开窗通风两次，每次至少 10~15 分钟。在不适宜开窗通风时，每日应当采取其他方法对室内空气消毒两次。

如果不能保证每天按时开窗通风或进行空气消毒，或通风、消毒效果不好，则应当使用紫外线或臭氧消毒。紫外线杀菌灯或臭氧设备的配置和照射时间应符合国家卫生部的相关规定。紫外线杀菌灯与照明灯开关必须分开设置，并保持一定的距离，不允许将紫外线杀菌灯开关与照明灯开关并列排放。开关要设置在离地 1.7m 以上，并加开关盒盖，在盒盖上要贴上醒目的警告标志。提倡架设专门的电路，配备统一带锁的总电源控制开关箱，由专人对紫外线杀菌灯的电源进行统一控制，以防止无关人员误开误用。

- **饮水机配置**

充足的饮水量是保证幼儿身体健康的一大因素。儿童的单位体重需水量比成人多。《托儿所幼儿园卫生保障工作规范》中指出：保证儿童按需饮水，3—6 岁儿童每日饮水量 100~150mL/ 次，并根据季节变化酌情调整饮水量。故每个班级均应配置直饮水机，随时满足幼儿的饮水需求。

饮水机的选择主要考虑安全性、便捷性和高度三个方面：

（1）在安全性方面，幼儿园饮水机应可调节温度，保证出水的温度为适宜幼儿饮用的、不会烫伤幼儿的，且温度调节按键或旋钮应设置在幼儿触碰不到的地方，以防幼儿误触导致烫伤。同时，饮水机边角应圆润光滑，避免幼儿磕伤。

（2）在便捷性方面，饮水机应操作简单，无复杂设计，适合幼儿的认知水平和能力水平，便于幼儿操作。

（3）在高度方面，饮水机应适合幼儿的身高，能满足幼儿自主取水的需求。

4. 安全设施

幼儿活泼好动、自我保护意识较弱，容易磕碰、夹伤等。因此，在活动室内应加强安全防范设计。

- **防撞**

所有幼儿可以直接接触到的内墙阳角和方柱、家具边角应做成小圆角，或用柔性材料围护，尤其是边角尖锐的家具、灭火器箱等。

- **防夹**

活动室内门、柜等应贴有防夹手保护条，防止幼儿关门、关橱柜时夹伤手指。

图 3-4-4　防夹手保护条

二、生活环境创设要点

幼儿园生活环境是幼儿园环境的重要组成部分，是专门服务于幼儿生活的相应环境。幼儿园生活环境应当融入幼儿的生活，服务于幼儿的生活，同时能够引发幼儿与环境互动，在环境中得到美的感受与生活能力的提升，同时能够促进幼儿积极地探索生活中的奥秘。

基于"一日生活皆课程"的理念，幼儿在与生活环境的相互作用中积累各种生活经验，并产生热爱生活、亲近幼儿园老师和同伴的情感体验。温馨和谐的生活环境创设，有助于激发幼儿的情感，培养幼儿的认知能力，对幼儿行为起着提醒与支持的作用。为此，创设温馨和谐的生活环境是非常必要的。幼儿园可从以下几个方面关注环境的隐性支持作用。

1. 晨检牌

在班级门口设置晨检牌插卡处。为方便班级教师了解幼儿当日健康状况，保健医生会在幼儿晨检后分发代表不同健康状况的不同颜色的晨检牌，如用绿色代表健康、黄色代表指甲长、红色代表有症状需多加关注等。除方便教师了解情况以外，晨检牌上的设置也对幼儿有隐性的教育作用，如既能够让幼儿获得统计、计数等数学核心经验，又能培养幼儿关心同伴的品质，帮助幼儿树立集体意识。

晨检牌插卡处一般会设置与班级人数相对应的卡槽,每一个卡槽上方贴有幼儿的照片、对应的数字等,幼儿入班前将晨检牌插入自己的卡槽中。

2. 值日生牌

教师可根据班级实际情况与幼儿一同制定值日生职务,如监督洗手、整理桌面、分发餐具等,值日生们在履行职责的过程中深入了解各生活环节的要求,同时强化自信心、责任心。同伴间的相互影响也有助于幼儿养成良好的生活与卫生习惯。为帮助幼儿明确分工、职责、时间安排等,可在墙面设置值日生牌,根据不同年龄幼儿的特点进行设计、呈现值日生安排,如中班可用幼儿自行设计的人物牌代表自己,大班可用姓名牌代表自己;大班还可渗透日、周、月的认识等,寓教育于无形。

3. 饮水记录区

幼儿自觉饮水的意识较弱,可通过环境创设激发幼儿喝水,引导幼儿多喝水。如小段班级可通过"小花喝水"等情境性内容创设饮水墙,大段班级可引导幼儿做书面记录等,利用可视化的环境吸引幼儿主动饮水,并帮助幼儿统计自己一天的喝水量,同时也便于教师提醒饮水较少的幼儿补充水分。

图 3-4-5 饮水记录区

4. 劳动区

活动室内可设置劳动区，提供适合幼儿使用的劳动工具——扫把、簸箕、拖把、抹布、脸盆等，引导幼儿自主到劳动区取放劳动工具进行清洁工作，避免成人包办代替。比如，用抹布清洁桌面、用扫把清理地上的废纸屑、用拖把擦去地板的水渍、用搓衣板和肥皂洗去擦手巾上的污渍，让幼儿在劳动中体会到快乐，同时发展拧、擦、扫、搓、晾等技能。

图 3-4-6 幼儿清洗擦手巾   图 3-4-7 劳动工具

5. 生活操作区

幼儿生活自理能力较弱，因此，活动室内可根据幼儿年龄特点设置生活操作区。幼儿在操作区里练习穿外套、拉拉链、扣纽扣、系鞋带等，在动手操作中获得愉悦感、成就感，同时发展扣、系、拉等生活自理技能。

图 3-4-8 幼儿折叠外套

设计一所好幼儿园

6. 生活便利站

同成人一样，幼儿也会遇到一些生活小问题，如头发乱了、塞牙了、衣服脱线了等。活动室内可设计一处生活便利站，提供梳子、镜子、牙线、安全剪刀等常用生活工具。教师在日常教育中引导幼儿学会使用工具，并鼓励他们遇到问题时先自己想办法解决，培养幼儿独立自主的能力。

7. 生活标识

为提高幼儿的自我服务能力，突出各种基本生活技能的操作规范十分重要。班级结合实际情况，提供清晰的标识，为幼儿创造自我服务的机会，如七步洗手法标识、漱口规范示意图、饮水及接水量图示、排队图示及地标、玩具柜摆放标识、自主取放点心图文标识等，让环境隐性引导幼儿养成良好生活习惯。

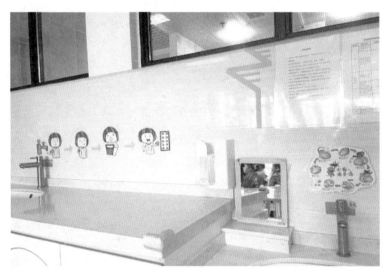

图 3-4-9　随处可见的生活标识

温馨提示

　　室内空间设计要遵循儿童为本的理念，要有利于促进幼儿与环境、空间的互动性，如生活操作台，不仅有成人的，还应有不同高度的幼儿操作台，同时还要注意色彩对儿童心理情绪的隐性教育价值。室内空间设计中关于寝室、盥洗室的水池、台面、水龙头、便池、生活操作台等生活设施，有《托儿所、幼儿园建筑设计规范》（JGJ 39—2016）（2019 年版）可依，设计者只需在此基础上根据当地幼儿的实际情况进行微调。毛巾架、水杯架、消毒柜、消毒灯等卫生设备，应满足预防传染病的规范要求。本章中的一些设计还有些不够完善的地方，如卫生间的空间科学合理利用最大化还不够，观察窗的设计存在瑕疵，玻璃会反光、不利于观察等，都有待进一步完善。

第四章
功能室创意

幼儿园功能室是展现幼儿园教育优势最显著的区域之一。功能室的教育环境要适应现代教育的需要、支持教育活动，设计元素应多样化且易于幼儿根据自身需求使用，如桌椅、柜子等应适合幼儿的身高，以便于幼儿自主选择学习方式和操作材料。

当代教育倡导幼儿主动学习，因此，幼儿园可以为幼儿创设不同的功能室环境，让幼儿在风格各异、功能多样的环境中乐于探索、勇于实践、积极创造、快乐玩耍、主动学习，从而更好地培养幼儿的适应、创造、合作、反应和自主能力。

创建有效的学习环境应侧重于创建支持协作、个人行动以及正式和非正式学习的多样化空间。设计还应尽可能灵活，以适应和支持未来学习和日常生活的变化。对现代幼儿园教育架构的分析表明，灵活性、多功能性、移动性、多样性和独立学习的表达性是幼儿功能室空间重要的设计特征。下面以美工室、科学室、阅读室、木工坊和多功能活动室为例，从设计规范、设计要点、设计思路三方面介绍每间功能室的精彩与创意。

第一节　美工室创意

美工室是激发幼儿自主性和鼓励幼儿自我表达的重要场所。因此，它的空间布局要相对开放，可以根据需要将它划分或转换成一个充满活力的游戏和学习空间。多领域的相互交流与融合，多领域经验的相互转移与运用，为幼儿提供了多种尝试的机会，这样更有利于幼儿创造性思维的形成。

比如，集中或重复的小组活动、幼儿独立的个人活动、混龄型小组活动，可以通过添加各类游戏区来创建各种空间。对于幼儿园来说，创造一个多样化的空间是非常重要的。可以让幼儿自由选择与不同的设备、材料和环境互动，从而拥有丰富的空间和教育体验。

美工室整体环境的打造，无论是天花板、地面，还是桌椅、展示架、材料柜的设计和选择，都应体现艺术性，给幼儿美的感受。

图 4-1-1　美工室整体环境

一、设计规范

幼儿园美工室的空间设计主要以柜子、桌子、墙面、天花板等多维度的融合来体现幼儿感受美、欣赏美、表现美和创造美的学习痕迹。首先，美工室应设置在日照充足的方向，并满足冬至期间一楼三小时以上的日照要求。夏热冬冷、夏热冬暖地区，应避免朝西向，并提供遮阳选择。美工室内允许噪声级应不大于45dB（A声级），与相邻房间之间的空气声隔声标准应不小于50dB（计权隔声量）。如果用换气次数来确定房间的通风量，其值应为每小时3~5次。在可用的各种有效通风设备中，应优先考虑自然通风。

在艺术空间中，建议使用带有电子镇流器的细管径直管形三基色荧光灯，不宜采用裸管荧光灯灯具。照明标准见下表。

设计一所好幼儿园

表 4-1-1　幼儿美工室照明标准值

房间或场所	参考平面及其高度	照度标准值（lx）	UGR	Ra
美术室、手工室	地面	300	19	80

此外，需要安装紫外线杀菌灯，单独安装灯开关，并采取措施防止意外开启，如安装开灯指示器。安装功率要求见下表。

表 4-1-2　紫外线杀菌灯安装功率参考值

房间面积	安装功率
10~20m²	30W
21~30m²	60W
31~40m²	90W
41~50m²	120W
51~60m²	150W
> 60m²	≥ 1.5W/m²

一般来说，美工室应该有四组以上的插座。插座设置要安全，安装高度在 1.80m 以上。插座回路和照明回路必须分开设置，插座回路必须有剩余电流保护。

美工室应有双门，每扇门均设置成双扇平开门，门净宽 1.20m 以上。儿童专用把手必须安装在距地面 0.60m 处，门的平开范围内 1.20m 以下不宜设置玻璃，以防门把手与玻璃发生撞击，产生安全隐患。门的侧面应光滑、无棱角，不设置旋转门、推拉门、弹簧门和金属门，不建议使用玻璃门。

美工室还应设置多个高低不同的水池，便于不同年龄段、不同身高的幼儿在活动中使用；室内的桌椅、环境的布置应力求色彩简单、造型可爱、气氛温馨、形式多样，装饰要便于定期更换，以丰富幼儿的审美。

二、设计思路

1. 扎染区

在信息化、数字化飞速发展的今天，一些民间手工艺正逐渐失传。教师让幼儿在幼儿园尝试接触有趣的蜡染工艺，不仅能让幼儿体验到民间工艺的广度和深度，也能教育幼儿保护和传承民间手工艺。这是教育者的责任和义务，教师应鼓励幼儿大胆、积极地探索传统工艺，以传承国粹。扎染给幼儿带来欢乐的同时，也让他们感受到大自然的纯朴与美好，在多感官欣赏和制作的基础上，逐步探索和发现扎染色彩和图案的美。

2. 水墨区

在美工室创设过程中融入水墨区，与幼儿的认知特征相匹配。在水墨画的完成过程中，幼儿体验水、墨，感受神奇的色彩变化，绘画时笔墨的趣味也增加了幼儿对中国文化艺术的热爱。将水墨融入幼儿园环境设计中，也能有效促进美育。

3. 陶艺区

"玩泥巴"可以锻炼幼儿的直觉，充分发展他们的情感。"玩泥巴"包括打泥板、捏造型等环节，这是最受幼儿欢迎的"泥浆游戏"。

4. 布艺区

幼儿可以运用不同尺寸、颜色和图案的布料、绒球、串珠等，创作出让人意想不到的艺术作品。

5. 涂鸦墙

美工室涂鸦墙的创设打破了以往传统绘画教学的模式，可以为幼儿提供更自由、更开放、更轻松的活动平台。在这里，幼儿可以大胆地在不同的操作面上涂鸦，识别不同的颜色，探索颜色之间的奥秘。幼儿在艺术活动中可以随心所欲，大胆表达自己的感受和情绪。各种材质的画笔让幼儿沉浸在自己的奇幻世界中，色彩斑斓的涂鸦作品为幼儿提供了更多的灵感。

6. 综合材料区

塑料瓶盖、吸管、珍珠棉、纸杯、花瓣、树枝、树叶、石头等生活用品、自然物随着幼儿的创意思维将变得更加艺术化。在美工室各空间中，幼儿可肆意发挥他们的创造力，如水粉遇上木头、花瓣遇上手帕、纸浆遇上墨、陶泥遇上 KT 板等，各种创意小作品悄然诞生，这里就变成一个充满灵气的艺术展厅。一个由幼儿创作的大型艺术展，记录和承载着幼儿探索和创造的过程。

三、设计要点

1. 防夹手门

在门扇靠近门框的位置、离地面 20cm 处挖出一块长 90cm、宽 8cm 的长方体，然后做一个相应的软包长方体镶嵌进去，更具安全、实用、美观的效果。

安全、实用、美观的防夹手门的设计从色彩、造型上应与园所风格相得益彰。当幼儿不小心把手放在夹缝处，软包能起到很好的防护作用。

2. 天花板

幼儿园可以通过更改天花板高度来定义一系列空间。因为不同的天花板高度会产生不同的照明条件，这也会影响儿童的行为。

图 4-1-2　起防护作用的软包

幼儿园中的许多美工室有不同高度和不同形式的天花板，旨在为空间增加多样性和趣味，再结合合理的照明，不但能刺激幼儿的想象力和创造力，还能带给视觉和感官意想不到的效果。比如，斜面、平面、横梁交织的天花板让整个空间的层次更加立体、丰富，不同造型和材质的灯具也可将照明与艺术融为一体。美工室的天花板上还可用不同的作品进行装饰，使整个美工室充满浓烈的艺术气息；也可用彩色线编织出的垂帘进行装饰，使美工室更有艺术性和层次性。

图 4-1-3　斜面、平面、横梁交织的天花板

图 4-1-4　不同造型和材质的灯具

图 4-1-5　用不同作品装饰的天花板

图 4-1-6　用彩色垂帘装饰的天花板

3. 墙面

在幼儿园，引人注目、让人驻足观赏的是无处不在的幼儿作品。这些作品能让整个室内呈现非常有趣、温馨的氛围，比其他任何墙面装饰都更能激发和培养幼儿的自豪感和归属感，还能将简单的建筑变成私密的空间。

美工室的墙面要简约而不简单，不需要太过华丽的装饰。比如，只用几根麻绳、几个挂钩和夹子便能随意创造出可供幼儿自己动手展示作品的墙面，方便随时更换作品，还能根据喜好让幼儿自己改变网状。低调的墙面配以丰富的幼儿作品，能让整个空间变得灵动、饱满。墙面展板要适合幼儿的高度，方便幼儿自己动手展示作品。

图 4-1-7 挂有幼儿作品的墙面

图 4-1-8 适合幼儿高度的墙面展板

另外，中国风的移动展示屏风也具有墙面的功能，能在大空间中给幼儿制造私密一角，既可让幼儿边欣赏边进行小组操作，又可以营造氛围、展示作品。比如，可移动的中式屏风可根据需要随意调整位置，既可做隔断，亦可当作作品展示架；半开放的中式屏风入口简约、大气，让人一眼望去，就不自觉地被深深吸引。

图 4-1-9 可移动的中式屏风　　　　图 4-1-10 半开放的中式屏风

4. 柜子

对美工室壁橱，应在合理利用空间上进行巧妙的设计与摆放，需要考虑到材料和设备的使用和存储。一般来说，储物柜的放置应以就近方便为原则。这样可以更轻松地收纳、取放和存储相关设备、材料和工具，从而提高教学和使用的有效性。做开放式储物柜时，要注意不同年龄段幼儿在身高、自控力、灵巧度上的差异。因此，储物柜的设计在高度、尺寸和操作方式上应根据实际情况进行调整。

美工室的柜子可以不只是柜子，如柜子的低处可涂鸦、呈现幼儿作品、摆放各种操作材料等，高处可收纳教师用品或备用材料，减少空间浪费；适合幼

图4-1-11 低处摆放操作材料，高处收纳教师用品或备用材料的壁橱

图4-1-12 适合幼儿高度并隔断区域的柜子

图4-1-13 作为幼儿作品展示架的壁柜

图4-1-14 开放式可移动的展示架、材料架

儿高度的柜子还可方便幼儿取放材料。紧贴墙面放置的壁柜可作为幼儿作品的展示架，让作品成为最亮眼的装饰。部分柜子还可设计成可移动的，根据当下幼儿和课程的需要来进行摆放，既可以是展示架、材料架，也可以是动静分离、公共区域与小组区域分开的隔断。

5. 百变美工桌

各幼儿园美工室的桌子可谓创意十足，功能齐全，形状也多样，有圆的、方的、扇形的、镂空的等。

- **百变美工桌之组合圆桌**

圆桌可分、可合，分开是独立的材料柜兼操作台，组合后则是大圆桌。圆形可转动桌面的灵感来源于酒店餐桌，各种材料、工具放上面，幼儿只需转动桌面即可选取不同材料、工具，减少不必要的走动和争抢。

图 4-1-15　四个扇形组合的大圆桌　　　　图 4-1-16　圆形可转动桌面

- **百变美工桌之扎染桌**

桌面中间镂空设计，嵌进方形塑料盆，上面铺上铁网，方便幼儿开展扎染活动，避免染料四溢，也减少幼儿走动。除了扎染桌，工具柜、作品晾晒架等都是扎染坊必不可少的。扎染区的设计，不仅提高了幼儿对传统民间艺术的初步感知，而且激发了幼儿学习和探索的欲望。

图 4-1-17　美工桌的桌面中间镂空设计

● **百变美工桌之上悬中空外实原木桌**

　　"上悬"可张贴欣赏的作品、范例和幼儿的作品;"中空"可放置各类材料与工具;"外实"则是幼儿学习、创作的台面,这里既有足够的自主创作空间,也不影响与同伴共同合作创作。

图 4-1-18　上悬中空外实的美工桌

图 4-1-19　有自主创新空间,
可合作创作的美工桌

6. 涂鸦墙

　　许多幼儿园将墙壁设计成黑板或涂鸦墙,这样不但满足幼儿与生俱来的涂鸦欲望,同时也让环境更加有趣、灵活、自然。

　　比如,玻璃涂鸦墙涂色时颜色亮丽,用钢化玻璃做墙面,用钢材做边框,上方预留水管进水,下方预留排水管排水,方便使用后的清洁工作,是幼儿发挥创想的好地方;瓷砖上色后易于擦拭,所以幼儿在瓷砖涂鸦墙上用各种颜料自由涂鸦而不受限制,此外,地面也要预留一部分瓷砖,方便清理。

图 4-1-20　玻璃涂鸦墙

图 4-1-21　瓷砖涂鸦墙

在室内，利用墙角、柱子等位置设置一面涂鸦墙，并加以点缀，不仅能满足幼儿的涂鸦需求，还能起到装饰教室的作用。大面积的"黑板贴"涂鸦墙，不仅可以锻炼幼儿的协作能力，而且能帮助幼儿在活动中养成乐于分享、互帮互助的良好习惯。

图 4-1-22　点缀后的涂鸦墙

图 4-1-23 "黑板贴"涂鸦墙

第二节　科学室探索

作为科学教育的重要组成部分，幼儿科学教育非常重要。为实施德智体美劳全面发展的教育，只有一个健康的身体是不够的，还要注重幼儿智力的发展。为此，不少幼儿园都设置了科学室，备有动植物标本，以及地球仪、放大镜、太阳系演示器、静电实验器材、水泵模型等设备。幼儿在科学室可以通过自己的感知和操作探索周围环境的奥秘，从而激发好奇心，萌发对科学的兴趣和探索欲望。在这里，幼儿竭尽全力探索科学的奥秘，通过游戏发现科学原理。幼儿在不断实践中反复锻炼合作精神，初步了解什么是团队合作，感受团队活动带来的快乐。

幼儿园的科学室是幼儿自由选择、开放式操作、自主发现和体验式学习的首选场所。它的主要功能是帮助幼儿了解科技的魅力，进而激发幼儿强烈的求知欲，满足每个幼儿不同的发展需求，这是幼儿园其他功能室无法替代的。那么，幼儿园的科学室该如何设计呢？

一、设计规范

科学室的门、采光、通风的要求与美工室相同。

科学室必须使用带有电子镇流器的细管径直管形三基色荧光灯，不宜采用裸管荧光灯灯具，照明标准同美工室。此外，要安装紫外线杀菌灯，单独安装灯开关、开灯指示器，并采取措施防止误开。紫外线杀菌灯安装功率要求与美工室相同。

　　一般来说，科学室的插座应不少于四组。插座应采用安全型，安装高度应在1.80m以上。插座回路和照明回路必须分开调整，插座回路必须有剩余电流保护。科学室还应该有多个不同高度的水池和水龙头，便于不同年龄段的幼儿在活动中使用。

二、设计思路

　　科学室空间布置得当，不仅可以充分利用科学室的空间，而且可以使每个幼儿都能静心从事自己的事情，不受外界的干扰。在进行空间布置时，要注意以下几点。

1. 动静分区合理

　　科学室中的活动，有"安静型"和"运动型"之分。在进行空间布置时，要进行合理分区，可以把安静的桌面操作区和绘本资料放在一起，避免靠近容易发出噪音的活动区。

图 4-2-1　科学室中的"运动型"活动

2. 归类摆放有序

科学室内的同类材料要靠近摆放，如有关光学的材料可以放在一起。这样不仅便于幼儿有目的地选择材料，也便于他们认识这些材料之间的联系。如果同样的材料有若干份，也要放置在一起，便于选择同样材料的幼儿相互交流。

图 4-2-2　同类材料归类摆放的科学室

3. 适宜的操作空间

科学室设计时要保证幼儿有进行桌面操作的空间。每个幼儿进行操作的桌面大小要适宜，避免互相干扰。

图 4-2-3　大小适宜的桌面

  设计一所好幼儿园

4. 便捷的水源和光源

有的材料在布置时要考虑邻近水源和光源。比如，有的活动中需要用水，相关材料就要邻近水源摆放；有生命的动植物需要摆放在临窗光线好的地方，以便生物生长；光学材料要邻近光源摆放，以便幼儿操作和观察。

图 4-2-4　临窗光线充足的显微镜操作台

5. 合适的室内外连通

科学室设计时要考虑室内和室外空间的有机结合和充分利用。将可能会产生干扰的活动材料放置在门边，在活动时也可以扩展到科学室的门外，以免影响他人。

图 4-2-5　远离桌面操作区的科学互动墙

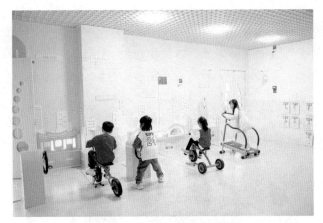

图4-2-6 科学室门外的科学探索活动

第三节 阅读室创设

莎士比亚曾说："生活里没有书籍，就好像大地没有阳光；智慧里没有书籍，就好像鸟儿没有翅膀。"书是幼儿园教育活动的重要组成部分，而幼儿园阅读室有助于幼儿培养阅读兴趣，养成良好的阅读习惯。阅读能开阔幼儿的视野，提升幼儿的阅读能力、语言理解能力及想象力，促进身心发展。幼儿园的阅读室应富有童趣，应设有开放式和半开放式的空间，有不同形式的座椅、坐垫，书柜造型各异等，营造浓郁的阅读氛围。

图4-3-1 富有童趣的阅读室

  设计一所好幼儿园

一、设计规范

1. 选址

幼儿园可以设置独立的阅读室。阅读室宜选择安静、不受干扰的独立空间，朝南向，营造阳光明媚的室内氛围；也可以将阅读室分散在幼儿园的各个角落，营造处处有书香的阅读氛围。

2. 面积

独立的阅读室至少要容纳半个班的幼儿，分散的小阅读室要容纳4~6名幼儿。

3. 环境

阅读室的采光要好，同时也要避免光线较强或较弱时对幼儿视力造成损害，所以阅读室可以加装百叶窗或遮光布、窗帘、纱帘。光线过强时可用纱帘遮挡，既不影响采光，又可避免阳光的直接照射，保护幼儿眼睛。窗台的高度也要根据幼儿的身高进行设计，为幼儿提供方便的环境。

阅读室需要较安静的环境，根据《托儿所、幼儿园建筑设计规范》（JGJ 39—2016）（2019年版）的规定，生活单元允许噪声级应不大于45dB（A声级），与相邻房间之间的空气声隔声标准应不小于50dB（计权隔声量）。阅读室可参照此标准并略低，以保证幼儿阅读时免受外部环境的过多干扰。

幼儿年龄小，活泼好动，自控能力差，自我防护的意识较薄弱，所以，在设计幼儿园阅读室时，安全问题是第一位。以柔和的曲线和弧形为主的设计，可以减少安全方面的潜在隐患。

二、设计思路

创设良好的阅读环境能进一步激发幼儿的阅读兴趣，使幼儿在与环境的相互作用中接受书面语言。阅读室的设计不是以具象和装饰化的语言给予幼儿一个空间，而是以童心去构想具有无限想象力的空间，让幼儿可以通过新的设计语言去探索空间形态的趣味性，使建筑固化的结构墙体消隐在空间之中，让幼儿爱上阅读。

三、设计要点

1. 色彩搭配

阅读室整体色调以突出安静、温馨、舒适为主，营造出阅读的氛围。比如，粉色给人温柔、舒适之感，能减少人的肾上腺激素分泌，从而稳定人的情绪；绿色具有镇静神经、降低眼压、缓解眼疲劳等作用。此外，浅蓝、浅黄、橙色、米白色等都是幼儿喜欢的颜色，可适当运用到阅读室中。需要注意的是，阅读室颜色的种类不宜过多，在确定了主色系后，其他颜色的装饰应小面积出现。

图 4-3-2　色彩搭配舒适的阅读室

2. 空间利用

幼儿的阅读习惯不能局限于单纯的"看"，幼儿园应该强调活动形式的多样性和活动过程中的实践与创造。为了满足幼儿的不同需求，可把阅读室分隔成几个区：动态区（如表演区、自由阅读区、好书分享区）、静态区（如读书区、新书推介区）、修补区、自制图书区。如果幼儿园条件允许，还可以增添视听区（用电视机、收录音机等听配乐文学作品或让幼儿自己尝试讲述、录音）、亲子阅读区（在一定的时间段提供亲子阅读机会，让幼儿感受亲人陪伴阅读的惬意和幸福）。

图 4-3-3　公共区域的自由阅读区　　　　图 4-3-4　利用沙发分隔的安静阅读区

　　空间区域要根据不同年龄阶段幼儿的特点进行规划，可采用开放与封闭相结合以及不同的空间分隔方式来满足幼儿的阅读需要。阅读室可分为三个区域：开放、半开放和封闭区域。开放区域适合小班幼儿阅读，半开放区域适合中班幼儿，封闭区域适合大班幼儿。半开放区域既让个别幼儿阅读时不受干扰，又能让教师随时关注。开放区域不仅满足了师幼共读的需求，也方便了教师与幼儿面对面交流和互动。桌椅可成组放置，空间布局上可加入一些富有童趣的造型点缀，如将书柜的造型与色彩相融合，让人眼前一亮。

图 4-3-5　凹槽式半开放区域　　　　　　图 4-3-6　开放区域

3. 座位选择

　　幼儿园可为幼儿提供舒适、可爱、形式各样的沙发、坐椅、坐垫、地毯、抱枕、靠垫，它们的色彩、造型、材质、软硬度、大小等方面均可融入儿童喜欢的元素。幼儿拿到自己喜欢的图书便想直接坐下阅读，这是幼儿的天性。为了适应幼儿的这种习惯，建议在室内设计一个阶梯式地面并铺设地毯。当幼儿看书入迷时，可以坐在地上。舒适的座位可让幼儿产生像在家中阅读一样的感觉，从而吸引更多的幼儿进入阅读室，在自由惬意的环境里尽情地享受阅读的快乐。

图 4-3-7　半包式的沙发座椅

图 4-3-8　柔软的地毯和坐垫

图 4-3-9　阅读室的阶梯式地面设计

4. 书架设计

阅读室应设计适合幼儿身高、开放式的书架，供幼儿自由取用喜欢的图书，养成独立的好习惯。书架不应集中布置，以免儿童走动太多。可根据需要，摆放各种类型的儿童书架（如悬挂式书架、可移动书架、立式书架等）和储物柜来陈列与储存图书。书架适宜分隔开摆放，可以靠墙布置，也可以摆放在阅读室中间或边界处，作为分组阅读空间划分的隔断，起到分割区域的作用。还可

设计一所好幼儿园

以根据阅读材料分组规划放置，以开放式与闭合式相结合，既方便幼儿的走动，也可满足不同幼儿的阅读喜好。

图 4-3-10　起到分割区域作用的书架

图 4-3-11　分散放置的书架便于幼儿
就近取放

5. 辅助材料

除了上面提到的座位和书架等物品，阅读室中还要配备一些辅助材料。比如，阅读室登记册可以记录幼儿进入阅读室阅读的次数、时间、阅读的图书等信息；播放器可供幼儿听故事、儿歌；手偶或毛绒玩具可供幼儿进行故事表演；纸笔可供幼儿涂画、书写；图书之外的其他文字材料，如书单、文字标识等供教师使用。

6. 图书选取

幼儿园可以根据幼儿的年龄特点和认知水平，提供具体、形象、生动、优美、经典的故事和绘本，让幼儿借助精美的配图和优美的语言感受书本的魅力；提供绘本、童话故事、科学类等形式多样、功能各异的图书，让幼儿感受图书的趣味性。在选择图书时，除了要考虑幼儿发展水平、与课程的结合等基本因素，还应安排一张小班至大班阅读图书的计划表，让幼儿有目的、有方向地阅读。

图4-3-12 按类型或年龄段进行分类的绘本

7. 教师支持

在阅读室里，针对不同年龄段的幼儿，有不同的陈列方式。可以借鉴成人图书馆的"借书卡"制度，引导幼儿学习有序借阅、物归原处的规则。还可以通过一些图片、标识向幼儿提示阅读室的常规。充满童趣的装饰物，尤其是幼儿熟悉的童话中的场景，可以激发幼儿的阅读兴趣。

在幼儿园设计中，让阅读渗透到幼儿生活的每一个角落，让环境为幼儿的发展奠定牢固的基石，为幼儿阅读创设和谐的幼儿园物质环境和精神环境，促进幼儿在快乐、宽松、和谐的气氛中健康快乐地成长。

第四节 木工坊打造

木作在中国象征着一种传承，用贴近生态自然的材料，在一锯一刻间专注地投入创作，在一锤一钉间打磨意志与信念，时间缓慢流淌，心灵净化沉淀，在锯、钻、凿、锤、刻中传承传统艺术，习得劳作的智慧。

木工坊是开展幼儿木工课程相关观察体验、动手操作及合作学习的场所。木工坊需满足幼儿木工教学要求，提供必要的仪器、设备、工具、材料等课程资源，方便幼儿熟悉并操作实验仪器设备，学习掌握基本实验技能，提高幼儿的科学素养、实践能力和创新精神。幼儿园木工坊可以让幼儿在敲打、拼装、连接的动手过程中学习、创造与思考，培养幼儿严谨、坚韧的性格，锻造精益求精的匠人精神，为未来发展打下良好基础。

有条件的幼儿园可将木工坊单独设置在户外，其优点是通风、采光俱佳，且不会对同一时间段开展的其他活动造成太大的干扰。但木作怕水，所以不建议选择露天敞开式、屋顶无遮挡的场所。

图 4-4-1　设置在户外的木工坊

一、设计规范

基于幼儿的特点，在木工坊中应创设安全、实用、锻炼动手能力的环境，激发幼儿对木工的好奇心和探究兴趣，满足幼儿观察体验、动手操作、合作学习等多样化练习需求。

1. 选址
木工坊应选择墙面面积较大，且通风的位置。

2. 面积
根据使用人数，16 人的面积为 30~50m²，32 人的面积为 50~70m²。

3. 环境

室内采光应满足现行国家标准《建筑采光设计标准》(GB 50033—2013)的有关规定。窗户应安装遮光窗帘。桌面采光系数不小于 2.0%。室内照明应满足现行国家标准《建筑照明设计标准》(GB 50034—2013)。桌面维持平均照度不应小于 300lx，照度均匀度不小于 0.7。书写板面维持平均照度不小于 500lx，照度均匀度不小于 0.8。照明功率密度不大于 $9W/m^2$，眩光值不大于 16，显色指数不小于 80。

室内应采取有效的通风措施，优先采用自然通风。采用机械通风时，新风量应符合现行国家标准《公共建筑节能设计标准》(GB 50189—2015)的有关规定。

室内噪声控制值应符合现行国家标准《民用建筑隔声设计规范》(GB 50118—2010)的有关规定。

4. 基础设施

墙、地面应采用耐磨、防滑、易清洁的材料，应有防潮处理。

电动工具操作电源、照明电源应分设不同路。电源插座应采用安全型，电源插座数量及位置满足电动工具使用需求。

室内应设置消防设施和急救箱。

二、设计思路

幼儿园木工坊应注重让幼儿亲自动手，体现"做中乐，乐中学"的理念。教育目的是培养学前儿童数学、物理、艺术等多种学科知识，同时让传统手艺得以传承。所以，在幼儿园木工坊环境的创设中，营造充满文化、创意和艺术氛围的环境十分重要。木工坊的环境创设，应提供真工具和真实的材料让幼儿进行构思、组装、搭建，给幼儿有身临其境的感觉，为幼儿打造适宜学习、生活的环境，能够让幼儿在潜移默化中培养丰富的想象力和创造力。同时，动手制作的体验式学习不断激发幼儿对基础科学的兴趣，进而为幼儿深入探究埋下待萌芽的种子。

三、设计要点

1. 色彩搭配

在幼儿园木工坊设计中，整体空间色调可考虑以原木色为主色调，并融合其他色调，营造自然、舒适的环境风格。室内空间的设计可采用木质的装饰物去点缀，凸显木工坊的特色，更能彰显返璞归真的感觉。

图 4-4-2　以原木色为主色调的　　　　图 4-4-3　与户外环境浑然一体的木工坊
　　　　　户外半封闭木工坊

2. 空间利用

木工坊在保证安全的教师演示和幼儿操作的基础上，可以根据使用功能划分相应的区域，比如防护区、设计区、操作区、组装区、工具区、材料区、展示区等。其中，操作区应提供合适的桌椅，保证有足够宽敞的空间，方便幼儿操作；工具区应专门放置木工坊需要使用的工具、装备，对较危险的工具建议放在高处；展示区为幼儿的木工作品提供一处展示的空间，既可装饰木工坊，又能让全园的幼儿欣赏，同时让展示作品的幼儿获得成就感。所以，空间功能区的划分有利于合理利用空间，方便幼儿进行操作活动。

图 4-4-4　木工坊操作区

图 4-4-5　木工坊展示区

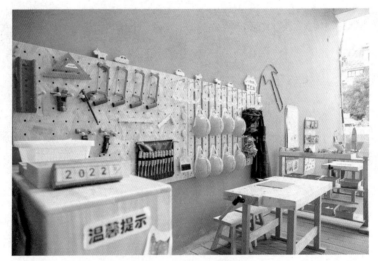
图 4-4-6　木工坊工具区

3. 动线规划

室内设备布置应符合现行国家标准的有关规定。布局应依照幼儿在木工坊中的行动流程，将防护区布置在前，其他区域在后。

沿墙布置的操作桌端部与墙面或壁柱、管道等墙面突出物间宜留出疏散走道，净宽不宜小于 0.60m；另一侧有纵向走道的操作桌端部与墙面或突出物间可不留走道，但净距离不宜小于 0.15m。工具墙与操作桌之间宜留出安全距离，不宜小于 0.25m。

单人单侧操作的，两张操作桌长边间的净距离不应小于 0.60m，中间纵向走道的宽度不应小于 0.70m；四人双侧操作时，两张操作桌长边之间的净距离不应小于 1.30m，中间纵向走道的宽度不应小于 0.90m；超过四人双侧操作时，两张操作桌长边之间的净距离不应小于 1.50m，中间纵向走道的宽度不应小于 0.90m。最后一排操作桌之后应设横向疏散走道，这排操作桌后沿至后墙面或固定物的净距离不应小于 1.20m。

4. 家具选择

设计幼儿园木工坊时，对所有材料及物件都应围绕幼儿自身的特点去设计。比如，木工坊里有适合幼儿专用的木工桌椅，有供幼儿安全使用的木工工具，有方便幼儿储存材料和作品的低矮储存立柜等，给予幼儿安全适宜且足够的学习与创造空间。

5. 教师支持

木工坊是开展与幼儿木工课程相关的观察体验、动手操作及合作学习的场所。木工坊在环境创设、材料收集、墙面装饰等方面，应注重激发幼儿参与的积极性，满足他们的操作、探索需求。幼儿园可提供必要的仪器、设备、工具、材料等课程资源，方便幼儿熟悉并操作设备，学习掌握基本操作技能，提高幼儿的科学素养、实践能力和创新精神。

木艺创作不仅可以让幼儿阅读、分析每一个作品的结构原理，分析实现它需要用到的工具、材料、工艺，同时还能培养幼儿规则意识与团队合作意识，使幼儿拥有更好的统筹能力，思维更具条理性和计划性。

第五节　多功能活动室整合

"多功能活动室"，顾名思义就是集合几种功能为一体的使用空间。通常情况下，可以作为舞蹈教室、大型会议室、演出大厅，以及一些开展运动课程的教室使用；有时，也可以作为家长等待区使用。由于多功能活动室建筑面积较大，占用园区生活用房空间较多，如何提高多功能活动室的使用率，并符合教育性、安全性、开放性的准则，是幼儿园需要考虑的。

一、设计规范

1. 选址

在《托儿所、幼儿园建筑设计规范》（JGJ 39—2016）（2019 年版）中，要求多功能活动室的位置需要临近幼儿生活单元。

2. 面积与高度

根据园所面积不同，多功能活动室的使用面积宜每人 $0.65m^2$，且不得小于 $90m^2$，净高不低于 3.9m。

3. 环境

明亮舒适的环境比较适合幼儿成长。采光应符合《托儿所、幼儿园建筑设计规范》（JGJ 39—2016）（2019 年版）中的要求，其中，采光系数的最低值为 3.0%，窗地面积比为 1∶5

多功能活动室聚集的人较多，要有较好的通风设备，要考虑空气的流通。

多功能活动室在举办活动时会产生较大的噪音，在设计时需要注意隔音的问题，在装修选材时，可以选择隔音板及隔音海绵等吸音材料来达到隔音、消音的效果。根据《托儿所、幼儿园建筑设计规范》（JGJ 39—2016）（2019 年版）中的规定，多功能活动室内允许噪声级不得超过 50dB（A 声级），与相邻房之间的空气声隔声标准不得小于 45dB（计权隔声量）。

4. 基础设施

幼儿园多功能活动室装修选材与构造应安全、坚固、耐用，并有利于擦洗。墙面与顶棚的粉刷表面应处理得较为平整细腻，不应有易积灰尘的线角。墙裙及家具不应采用有光泽的油漆，以免出现眩光而伤害幼儿的双眼。墙裙部分因幼儿经常触碰，必须坚固、耐用且便于擦洗。地面以木地板、PVC 地板为宜。

用电布线时，应根据多功能活动室区域功能设置灯光效果，分开布线，降

  设计一所好幼儿园

低耗能。

多功能活动室不宜用既冷又硬的地砖、花岗石，墙面阳角及其他室内装饰需考虑防撞防碰措施，以避免幼儿受伤害。设两个双扇平开门，其宽度不应小于 1.20m，且宜为木质门，以便安全疏散。

在科技支持上，可布置多功能混合音响设备、LED 显示屏、适宜表演的舞台灯光、网络支持、录播设备、可移动一体机等。

二、设计思路

幼儿园多功能活动室既是幼儿日常汇集之地，也是艺术锻炼之所，更是才艺展示的平台。首先是空间感要足，要宽敞明亮；其次是地面的舒适度要好；最后是各种童趣点缀要恰当，营造梦幻般的舞台。多功能活动室可以根据园方的需求来规划功能，设计师设计时应确保有足够的空间来置物以用作多用途的使用空间，不同的使用场景对应不同的物品收纳，方便多个功能自由切换，做到一室多用。

三、设计要点

1. 颜色搭配

色彩在人的心理上可以引起多方面的联想，给人以不同的感知和认知。鲜艳的色彩能够吸引儿童的注意，但会带来强烈的感官刺激，并不利于儿童的身心发展，清新、简洁的色彩搭配更能给人以美感。在多功能活动室的整体用色方面，不宜用色过多。色彩的基调以木色和白色为宜，局部点缀亮色，增添空间的活力。多功能活动室不只要注重整体美、和谐美，还要有意韵美，给幼儿以充沛的美感。为了统一风格、凸显园所文化，也可选取园所的主色调加以设计。

2. 空间利用

多功能活动室空间挑高设计时，可以增加屋顶造型，营造高端大气的氛围；可设置观看台，增加空间利用率，增强体验感，为幼儿提供更多游戏空间。多功能活动室规模较大时，可使用轨道门、便于移动的家具等，将空间进行象征性地分割，不仅增加了空间的使用功能，还可以增加空间的趣味性，让空间的活动规模及用途更灵活。若面积超过 $150m^2$，可设简便小舞台，以满足小型表演的需求。小舞台规格为：深 4.0~4.5m，高 0.6~0.8m。

3. 家具选择

多功能活动室的舞台可以设计为可移动、可自由组合式的；会议桌、办公椅要便于移动、收放，使场地的设置更加灵活、多变；玩具柜、幼儿座椅的选择可以结合园所文化和多功能室的整体风格，如海洋风的可以选择灯塔造型、蓝白相间的玩具展示柜。

图 4-5-1　可移动亦可自由组合的舞台　　图 4-5-2　与园所文化融合的海洋风的
玩具柜、桌椅

4. 使用功能

● 作为剧场

多功能活动室可以作为剧场使用，如可以开展简单的绘本童话剧，让幼儿通过语言与创造表演相结合，激发其展示的欲望；还可以在表演中融入美术创作，不为幼儿和空间设限，鼓励其充分发展。同时，在设计规划时要分区域，并设置一些区角。

  设计一所好幼儿园

图 4-5-3　幼儿利用多功能活动室进行表演

● **作为建构室**

规模较大的多功能活动室可作为建构室，靠墙放置玩具筐、玩具柜，可容纳至少一个班级的幼儿同时进行建构。建构的作品如果较丰富，可以根据需要适时保留，进行二次建构。

图 4-5-4　多功能活动室与公共建构室合为一体　　图 4-5-5　保留在多功能活动室的作品

● **作为体能活动室**

在特殊的天气，幼儿不便于进行户外活动时，就可以在多功能活动室进行一些幼儿日常所需的体能训练。在功能需求的基础上，设计时需要规划出休息区、储物柜、衣帽更换区及饮水区。

图 4-5-6　作为体能活动室的多功能活动室

- **作为音体教室**

多功能活动室作为音体教室使用时，可在这里进行日常的音乐、舞蹈课程的学习，同时也可以作为教师日常练习音体的活动室。当然，这就要求练功镜和练功把杆要考虑幼儿与成人的高度问题。

- **作为园所报告厅**

作为专业的报告厅时，多功能活动室需要有比较专业的舞台灯光、音响系统、智能化设备、控制单元和合理的规划，比如，要配备灯光、音响、电脑、LED 显示屏、网络等设施设备，方便线上线下同步开展活动；还要配备一些便于收放的条形桌、成人靠背椅等，方便活动结束后收在角落，不占用过多的活动空间。

图 4-5-7　作为报告厅使用的多功能活动室

  设计一所好幼儿园

- **作为研训、团建活动室**

多功能活动室也是幼儿园开展园级教研、培训、教工大会、团建活动时的绝佳场所，一体机、网络等多媒体设备的配合使用，能让活动的开展更加顺畅。

多功能活动室是每个幼儿园必不可少的主要使用空间，也是全园幼儿公用的活动室。从活动性质方面来看，这里是室内开展各种较大型活动的场所，是一个艺术锻炼和展示的平台。培育幼儿对音乐、舞蹈的兴趣爱好，开发幼儿智能并陶冶性情和品质，是多功能活动室的意义所在。

图 4-5-8　在多功能活动室内开展培训

图 4-5-9　作为教研活动室使用的
多功能活动室

温馨提示

功能室的规划和设计对于采光、通风、安全的要求大致相同，但因使用功能不同，设计的侧重点应各不相同。其中，美工室、木工坊更注重幼儿的动手操作、亲身体验，提供的材料必须多元、充足，环境的打造可以更多地利用幼儿的作品进行布置，让幼儿作品成为环境的亮点。阅读室应该满足不同群体的阅读需求，空间规划上要能兼顾个体、小组、团体，色彩的选择要柔和，要注重营造舒适、温馨、安静的阅读氛围。科学室注重墙面与幼儿的互动性，注重探究与体验，注重激发幼儿的好奇心、求知欲，培养其创新的思维，提供的材料、设施设备要与时俱进。多功能活动室则注重一室多用，家具的选择要便于收放、灵活调整，多媒体、信息技术、音响设备、网络支持都是必不可少的。

第五章

户外自主游戏区域设计

幼儿在园一日生活中，室外活动是重要的组成部分。幼儿园应充分利用室外的自然环境，如沙子、水、泥土、植物、动物等，助力幼儿生命成长，使幼儿受到非常必要的、丰富的感官刺激，有利于身心的健康成长。因此，幼儿园让幼儿充分接触大自然，并创造优良的自然环境，以满足幼儿的生长需求是十分必要的。

那么，在当下的环境中，幼儿园如何通过园所室外环境对幼儿进行自然教育？如何立足幼儿的经验，营造亲近自然、自由自主的环境，并让幼儿成为环境的主人？如何实现环境的润物细无声与潜移默化的作用呢？

第一节　种养殖区设计

种植活动是幼儿园常见的一种活动形式，是幼儿与植物、泥土、水以及工具相互作用的过程。核心价值是满足幼儿亲近大自然的需要，增进幼儿对植物的情感，让幼儿在多样化、多方式的四季种植活动中，感受花开、丰收的喜悦；增进对植物及其生长发展过程的了解，增强对植物生长条件的了解。在选种、栽培、管理、收获、品尝、制作等过程中，获得多方面的经验，增进情感和能力。

幼儿园种植的植物，在幼儿园户外空间的环境设计中十分重要。这些植物不仅可以自然隔离外界干扰，创造舒适的自然环境，而且可以提高空气质量，美化户外环境，对幼儿身心发展非常有益。幼儿园内种植多种多样的果树、花草、蔬菜，让幼儿可以感受到四季的变化。同时，种养殖区也成为幼儿游戏活动的场所，让幼儿与自然充分接触，产生真正的感动喜爱之情。

结合种植活动，因地制宜将对幼儿园出入口、地面、局部架空空间、绿化场地（自然景观绿地、人工景观绿地和种植园地）、屋顶空间与幼儿园边界围墙等潜在空间打造成花园、菜园、果园，打造成高低错落的游戏、生活与学习区域，将幼儿园变成幼儿成长的乐园，通过吃自己种植的农作物，让幼儿来体会劳动和收获的快乐，充分感受大自然所具有的生命力和强大的力量。

一、设计原则

1. 多样性原则

多数幼儿园在交付使用初期，种植的大多是品种单一的植物。同时，植物的色彩搭配也比较欠缺考虑。

3—6岁幼儿正处于活泼、好奇的年龄阶段，种养殖区的设计应遵循高低错落、四季有花、四季常绿的原则。在选择种植的植物时，应选择安全，能激发幼儿观察、探索兴趣的植物，避免种植有异味、有毒、有刺的植物。

在挑选可种植的植物时，根据花色、花型、叶色、叶形和茎干等，选择高矮不一的植物，体现出层次感；应适当增加绿荫量，多配置遮阴大乔木，并适当增加中下层植物，一高一低，相互结合，不仅增加了植物景观的层次感，也扩大了幼儿的活动空间；合理搭配乔木、灌木、藤本、草本，丰富园区的空间变化和季节变化，做到四季有花、四季有果、四季常绿。

可种植的植物类别有以下几类。

（1）藤本：可选择紫藤、炮仗藤、一帘幽梦等，不建议种植爬墙虎，避免因其根系发达引起房屋渗水等问题。

（2）乔木：可选择香樟、桂花、羊蹄甲等，此类植物有驱蚊功效。

（3）灌木：可选择四季桂、山茶、琴叶榕、杜鹃、鸡蛋花、散尾葵、细叶萼距花、栀子花等。

（4）草本：可选择鹤望兰、铜钱草、薄荷等。

（5）水生：可选择铜钱草、绿萝、荷花、睡莲等。

（6）竹类：可选择慈竹、凤尾竹等。

可种植的植物区域有：

（1）花园：杜鹃、茶花、绣球、扶桑、樱花、看桃、大丽花等。

（2）果园：梨、桃、香蕉、荔枝、杨梅、石榴等。种植果树时要考虑地域差异（南北），防止种植的果树成活率不高或不结果。

（3）菜园：生菜、葱、蒜头、萝卜、葫芦、荷兰豆等。为便于幼儿观察，可根据种植周期、可食用的果实部分、爬藤等类别来选择。

注：切勿种植漆树、黄蝉、夹竹桃、刺玫和月季等，避免有毒、带刺、飘絮、多虫、花粉多、招蚊蝇等问题影响幼儿健康。

2. 生态性原则

立足本园实际，结合周边资源，种养殖区应与当地人文景观和园所文化相适宜、相和谐、相融洽。幼儿园应选择适用性强、易管理的植物，并能将景观与种植有机结合，便于幼儿在室外活动中将花、果、叶作为游戏的媒介，增加室外活动的趣味性。

3. 动态性原则

将原有的种植地、绿化带等区域进行优化与调整，如种植地应设置小水池，方便幼儿取水浇菜，水池深度及周边区域要考虑安全的因素等。硬化调整的区域务必最小化，尽量铺设马尼拉草、防腐木、火烧板、鹅卵石等材料，便于后期调整。

二、设计策略

1. 花园

与艺术结合：幼儿在花园游戏、写生，与自然融为一体，结合创意坊、水世界、感统平衡步道，让幼儿在户外活动时能潜移默化地感受美。

图 5-1-1　花园中的感统平衡步道

图 5-1-2　师幼在花园中进行科学探究

图 5-1-3　与花园相结合的休息驿站

图 5-1-4　入门处的花园

与健康结合：打造观赏性和探究性同时兼具的花园。花园里有水培种植、土培种植和堆肥循环种植及小动物饲养区，将自然生态浓缩，形成可视、可探的材料，让幼儿通过花园中的游戏活动，感受整个自然循环体系的魅力，探索人与自然的关系。

图 5-1-5　观赏与探究合一的花园

图 5-1-6　幼儿在花园中的游戏活动

与运动结合：将花园与户外大型器械运动区结合。考虑到小班幼儿入园时"头重脚轻"的现象居多，感统失调明显，幼儿园应因地制宜地设计树屋、梅花桩、平衡木、乱木阵、骑行车道等，让幼儿在花园里自由玩耍，同时，促进感统能力的提升。

图 5-1-7　"感统花园"　　　　　　　图 5-1-8　"运动花园"

2. 菜园

与养殖结合：种植的蔬菜成熟后，幼儿把种植的劳动果实拿来相互分享，把多余的蔬菜用于养殖，如喂鸭子、养小兔等，培养了幼儿热爱自然、尊重生命、勇于承担责任、爱护环境的良好品质。

图 5-1-9　幼儿喂养活动　　　　　图 5-1-10　幼儿与动物的亲密接触

与科学结合：幼儿在整理土地、选种、播种、管理、观察记录、收获、分享的过程中，通过直接感知、操作探究和亲身体验，了解了植物的外形特征、生长条件与动物、环境的生态关系，感知了生命循环的过程。在这一过程中，幼儿播种绿色，播种希望，收获快乐。菜园让幼儿亲近自然，支持幼儿开展全收获的种植活动。

图 5-1-11　公共种植地

图 5-1-12　利用园所边角打造的小菜地

与劳动结合：种植活动不仅让幼儿学会了种植管理、简单的田间劳作，更让生活在城市的孩子看到了植物生长的全过程，亲历了种植这一感性经验，体验到了劳动的快乐，在劳动中得到了锻炼，从而使幼儿体验、感受到了生活的乐趣。

图 5-1-13　幼儿体验种植的乐趣

图 5-1-14　幼儿体验收获的喜悦

  设计一所好幼儿园

3. 果园

与艺术结合：幼儿园将艺术领域与果园结合，添置了打击乐器、涂鸦板等材料，增加了廊架、吊篮秋千、防腐椅，让幼儿的户外活动变得有趣的同时，更加凸显其"润物细无声"的教育理念。

图 5-1-15　将打击乐器放置在果园

与科学结合：幼儿园种植了多种水果，包括菠萝蜜、橙子、番石榴、木瓜、枇杷、柠檬、柿子、台湾蜜桃、释迦、荔枝、龙眼、百香果、葡萄、蛋黄果等。幼儿亲身种植、照顾，见证了果树生长、开花、结果的过程。

图 5-1-16　幼儿与香蕉树的互动　　　　图 5-1-17　幼儿在果园中玩耍

与家园共育结合：家长助教来园指导，为幼儿提供了生动的劳动实践指导。

幼儿用劳动灌溉、呵护果树，让幼儿园一年四季挂满了大大小小的果子，幼儿经常能感受到硕果累累带来的喜悦。

图 5-1-18　家长助教入园指导　　　　图 5-1-19　家长助教与幼儿互动

4. 其他区域

出入口：运用花色、茎干、高矮不同的植物，设计出幼儿园环境的层次感。种植藤本植物可增加绿荫效果，增加幼儿园植物景观的层次感，使得幼儿园植物景观更加多样化，既可增加幼儿夏天活动的空间，也可为幼儿玩耍避暑。

图 5-1-20　入门处的藤本植物　　　　图 5-1-21　入门处的藤本植物
　　　　　　增加了景观的层次感　　　　　　　　为幼儿遮阳

图5-1-22　入门处的阅读区

图5-1-23　入门处的绿色长廊

　　局部架空空间：充分利用花架和容器，将屋顶、阳台布置成一个充满生活气息、可供幼儿玩乐、游戏的区域。种植紫藤、蔷薇、凌霄、铁线莲、金银花等爬藤植物，为幼儿提供良好的生态和生活环境。

　　绿化场地：幼儿园绿化植被区域因为场地不足等原因，绿化分布多采用见缝插针的布置策略。多数绿地植被布置在一些室外场地与建筑的角落处，或者仅在围墙与建筑的边界处修建绿化带。幼儿园的主要绿化形式是孤植和小型灌木丛，绿地的分布是分散式的，设计时需考虑绿地阳光照射的时间、布局与喷淋设置，促进自然景观"茁壮"成长。

第二节　沙水区设计

　　沙和水是幼儿身边常见的、易于感知的天然材料。沙，细碎、松散；水，透明、流动、看得见、抓不住。沙水结合，可固化、可液化，变化多端、奇妙无穷。沙水区一般设置在幼儿园户外宽敞、向阳之处，使幼儿沐浴阳光，呼吸新鲜空气，能促进幼儿身体对钙质的吸收，有助于生长发育。

　　亲近自然，在自然中玩耍是孩子的天性。沙水游戏是一项细致、复杂的活动。在沙水游戏中，幼儿通过接触多种多样的材料，在碰触、摆弄、混合、造型、运输、整理等过程中，对材料的质地和特性有直接的感知，能提高认知水平。在游戏中，装水、堆沙、垒高、挖坑、搅拌沙水等大肌肉动作，可以促进幼儿身体各部分机能协调发展；测量、过滤、磨光、拓印、比较、绘制等动作，有助于提高幼儿的精细动作。在活动中，幼儿会合作、讨论、分享、商量，在表达见解的同时，语言能力和交往能力得到发展。

一、设计原则

1. 安全性原则

（1）沙水区面积应满足一个班幼儿同时使用，池深30~50cm，可设计成多种形状。考虑幼儿进出方便，沙水区边缘不宜太高，建议进行软化，如用轮胎堆边或圆木包边等。

（2）应在水池池底以上30cm处预留溢水口，沙池底部应设排水管道和过滤网，便于排水，侧面设排水沟槽，防止沙土流失。

（3）沙水区位置宜选择在向阳、背风之处，可考虑设置遮阳棚、遮阳伞，保证幼儿在游戏时既能沐浴阳光，又不被晒伤。

（4）沙池和水池不宜相距太远，应彼此临近。将沙池放在靠近水源的地方，方便幼儿取水。

（5）沙水区多设置在户外。考虑雨季等特殊大气和个别园所户外空间有限，也可在室内边角设置小型沙水区，以满足幼儿游戏的需求。

图5-2-1　幼儿园的沙水区

图5-2-2　利用自然物美化水池

图 5-2-3　沙池周边采用轮胎包边

图 5-2-4　沙池周边采用可移动围挡

图 5-2-5　沙池安装遮阳伞

图 5-2-6　沙池设计在向阳、背风处

2. 多样性原则

幼儿游戏的沙子宜选用安全细软、颗粒均匀的天然白沙、黄沙。沙水区可投放高结构游戏材料，如玩具模型、PVC 管、纸筒、木板、泡沫垫、仿真花、海洋球等用做辅助材料，便于幼儿体现、观察。玩水时可根据游戏的需要来投放辅助材料，如水枪比赛时，可准备防水衣、水枪、护目镜等辅助材料。

幼儿园也可将废旧材料投放于沙水区中，如废旧的塑料瓶、木锹、小桶、纸箱、纸筒、漏斗、沙水模具、量杯、棍棒等。玩沙时的盛装工具可以选用废旧锅碗瓢盆、瓶、罐、盒子、桶、筐等；筛沙材料可用漏筐、筛子等。玩水时的工具可以选择塑料杯、搅拌棒、矿泉水瓶、小桶、漏斗、量杯、洒水壶、粗细吸管、用于材料运输的工具车等。

图 5-2-7　运用玩水的辅助材料体验人工取水

图 5-2-8　多种玩沙工具

图 5-2-9　运用玩水的辅助材料观察水的流动

图 5-2-10　水池中不同材质的废旧材料

3. 趣味性原则

在沙水区，可选择投放贝壳、树叶、葫芦瓢等自然材料，来丰富游戏区的内容。投放的材料要方便幼儿自由取放。为满足教师、幼儿记录等需求，还可配备画板、纸、笔、胶带、剪刀等，在墙面、木架上张贴幼儿作品、设计图和搭建时的各种照片。

图 5-2-11　材料摆放在水池边，便于幼儿取放

图 5-2-12　配置画板，供教师和幼儿记录

二、设计策略

与感统结合：在玩沙时，幼儿通过摇一摇、挖一挖、倒一倒、光脚踩沙、手捧细沙，直接感受沙子的特性，发展触感；玩水时，幼儿通过舀水、捧水、划水、搅水起漩涡、吹泡泡等感知水的清凉、流动等特性。

与建构结合：幼儿采用沙水结合的游戏方式，通过反复堆、拍、压、垒高、测量、记录，提升幼儿的基本技能，培养幼儿合作探究的精神。

与科学结合：在玩水和沙时，幼儿通过实践感知水往低处流、沉浮、溶解、渗透等科学原理，提升幼儿在游戏中发现、解决问题的能力。

| 图 5-2-13　小班幼儿感知沙子特性 | 图 5-2-14　大班幼儿挑战水的不同玩法 |

幼儿天生喜欢沙水游戏，并享受游戏的乐趣。教师应充分认识沙水游戏的价值，尽可能为幼儿提供丰富的游戏材料，积极开发沙水游戏的教育功能，给予幼儿更多专业引领，从而让幼儿在沙水游戏中学会观察、思考和探索。

第三节　自然角设计

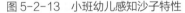

自然角是幼儿在园活动的一个探密场所，是幼儿认识自然界的重要窗口，它为幼儿提供了亲身观察、自主管理、动手实践的机会。在自然角里，幼儿可以观察到动植物的生长过程与变化，可以尝试做科学实验等。自然角活动丰富了幼儿的经验，开阔了幼儿的视野，发展了幼儿的科学探究能力，同时也在点

滴之间让幼儿亲近自然、保护自然，提供了生命教育的机会。

一、设计原则

1. 参与性原则

王海英教授提出：幼儿园要创设儿童本位的游戏、学习环境。为给幼儿提供一个充满生机、彰显活力的自然角环境，教师要彻底转变"教在前"的教育观念，与幼儿一同完成自然角的创设，最大化地将自然角归还给幼儿。自然角创设的环境、选取的内容以及投放的材料都要考虑幼儿的年龄特点，教师应站在儿童的视角，多倾听幼儿的想法，从幼儿的兴趣与需要出发，积极鼓励并引导幼儿参与环境的创设，最大限度地调动幼儿活动的主动性。

图 5-3-1　幼儿自主参与自然角创设　　　　图 5-3-2　幼儿参与创设的自然角

2. 自主性原则

自然角尽可能选择廊道、阳台等光线充足，靠近水源，方便幼儿进出的空间。如园所条件有限，无法满足空间和光线的条件，建议根据园所现有条件创设自然角，放置的器皿、置物架，观察的品种与实验的内容都需考虑空间、阳光等因素，保证自然角活动能顺利、有序地开展，满足幼儿活动的需求。

自然角区域大致可分为观赏区、饲养区、种植区、实验区。区域的摆放方式要求安全、美观、有序，可利用三维空间呈现上下错落、立体交互等模式。为满足幼儿与自然角互动时的安全性，自然角高度应根据小、中、大班幼儿身

设计一所好幼儿园

高来设置，如小班自然角物品摆放高度不宜超过 110cm，中班不宜超过 115cm，大班不宜超过 120cm。

图 5-3-3　打造立体交互的自然角

图 5-3-4　打造上下错落的自然角

为提高幼儿在自然角与不同区域、不同种类动植物互动的有效性，教师可投放图文并茂的图卡与照顾需知等，帮助幼儿了解动植物对应的特征和管理要点。小班设置的动植物标识要生动形象、一目了然，易于幼儿辨识和解读。中大班则可以引导幼儿参与图卡的设计和制作，激发幼儿的主人翁意识。自然角图卡的呈现方式不应是一成不变的，而要根据幼儿不同阶段的兴趣、季节的更替、主题的进程来不断补充和递进。

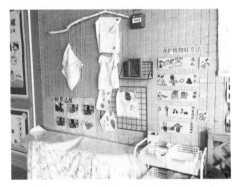

图 5-3-5　自然角中的扎染主题图卡

图 5-3-6　夏季饲养小蝌蚪

3. 多样性原则

根据幼儿的年龄和认知特点，小班、中班、大班的自然角在内容和工具的选择上也应该体现多样性，并有不同的侧重点。

- **种养殖类**

小班种植种类宜选择生长变化快、易观察的植物；养殖种类宜选择乌龟、金鱼、蜗牛等生命力旺盛，适合小班幼儿照料的动物。中大班种植种类要选择适宜观察、生长周期稍长的爬藤、蔬菜或根茎植物，如丝瓜、花生、蒜头等；养殖种类宜选择蝌蚪、芦丁鸡、兔子等有一定变化，探究价值丰富、安全系数高的动物。

图 5-3-7　小班种植的蒜苗　　　　　图 5-3-8　中班种植的绿叶蔬菜

- **观赏类**

小班观赏类植物品种不宜太多，植物特征要直观、明显、典型，如铜钱草、绿萝、太阳花等；中大班观赏类植物品种可以更加丰富一些，如多肉、翡翠、如意等。观赏区多设置在与幼儿视线齐平的区域，或采取悬挂的方式方便幼儿观赏，教师可将观赏植物的名称采用图文并茂的方式张贴在周边区域，方便幼儿认识植物。

图 5-3-9　小班自然角中叶片形态明显的植物　　图 5-3-10　中班自然角中的观赏植物

 　设计一所好幼儿园

● **实验类**

中大班可单独整理一个空间作为实验区，投放桌椅、实验器材、记录单、放大镜、镊子、夹子、纸、笔等材料和工具，方便幼儿在此进行实验和观察，并记录观察结果。

图 5-3-11　大班新增的酵素实验区　　　　图 5-3-12　自然角蘑菇实验区

● **工具类**

工具投放要满足幼儿观赏、照料、实验的需要。投放前应考虑工具的适宜性和安全性，投放时要满足幼儿就近取放的需要。

小班可投放喷壶、抹布、塑料瓶等，供幼儿给植物浇水、擦拭叶子等日常管理；中大班可投放自制浇水工具、剪刀、放大镜、显微镜、塑料刀等实验工具。

图 5-3-13　投放各类种养殖工具

设计自然角除了考虑幼儿年龄特点，教师还应考虑季节性、动植物成活率、幼儿自主管理等因素。养殖的动物除了选择生命力旺盛的乌龟、蜗牛等小动物，还可以补充"季节性"动物，如春天时选择蝌蚪、蚕，夏天选择蚯蚓，秋天选择秋蝉等，真正让自然角富有生机与活力，让幼儿乐在其中。

二、设计策略

1. 与社会领域结合

● 参与性

当自然角创设"初具规模"后，要尽可能地让幼儿参与到照顾动植物的过程中，发展其责任意识和管理能力。班级可以采用值日生轮值、照料卡登记、自主预约、统筹协商等方式让幼儿有目的、有计划地照料动植物。针对动植物的养护问题引导幼儿进行思考与讨论，可在集中活动和家园共育中帮助幼儿有针对性地积累相关经验。值得注意的是，该环节一定要让幼儿亲历照顾与养护的全过程，切不可教师包办代替，以逸待劳，剥夺幼儿亲近自然、参与自然角活动、体验劳动喜悦的机会。

图 5-3-14　幼儿参与植物养护工作

图 5-3-15　幼儿体验劳动的喜悦

● 互动性

教师要鼓励幼儿积极参与自然角的观察，掌握观察方法，如对比"蛋壳变软"的过程中不同浸泡液对蛋壳软硬度的影响，观察"种子解剖"过程中的问

  设计一所好幼儿园

题；鼓励幼儿亲身参与自然角的操作，获得操作方法，如不同植物的培育法，不同动物的照料法等。在操作过程中还会涉及工具的选用，教师要启发、引导幼儿不断思考和发现，可投放生活中常见的废旧材料进行种养活动，充分发挥不同工具的教育价值。

此外，还要鼓励幼儿及时记录，要遵循幼儿的年龄特点和发展水平，采用循序渐进的记录方式，并创设展板呈现幼儿的困惑和发现。小班幼儿在教师的引导下用拍照、画画等方式进行观察、探索和记录；中大班的教师则应鼓励幼儿同伴互助学习，尝试利用数字、画画、图标或其他符号自由记录。

图 5-3-16　幼儿观察豆子生长变化

图 5-3-17　悬挂记录本便于幼儿记录

- **探究性**

随着自然角活动不断走向深入，幼儿在管理过程中必然会出现各式各样的问题，幼儿不断亲历发现问题、猜想、记录、解决问题，这一过程便是锻炼幼儿的教育契机。比如，中班刚孵化的鸡宝宝面临寒假无人照料的问题，教师将"鸡宝宝没人照料该怎么办"的问题抛给幼儿，幼儿经过讨论后达成"自主认养"的共识，使得问题迎刃而解。自然角探究性种养殖活动的开展，促进了幼儿社会交往、科学探究等能力的快速发展。

图 5-3-18　幼儿共商植物虫蛀问题　　　图 5-3-19　幼儿讨论测量水稻的方法

2. 与班级活动结合

● **与班级主题结合**

自然角可以作为班级主题活动实施过程的一个延伸。自然角的创设与主题实施息息相关，而自然角活动本身也是主题活动的一部分，如大班的主题活动"蚕宝宝你好"，教师为了让幼儿更加深刻地了解蚕的一生以及蚕丝在生活中的应用，可以在自然角延伸出蚕宝宝专区。幼儿不仅可以使用各种工具观察蚕宝宝的变化、照料蚕宝宝的"起居"，还可以晾晒蚕丝并将蚕丝进行二次利用，使班级的自然角活动与班级主题紧密结合。

图 5-3-20　照料蚕宝宝　　　　　图 5-3-21　观察蚕宝宝生长过程

● **与班级课程结合**

幼儿在自然角的观察探索中常常会产生很多疑问，教师要善于捕捉偶发事件中所蕴含的教育契机，以幼儿的问题为切入点生成有价值的自然角课程。比如，在喂养蚕宝宝的过程中，幼儿发现蚕宝宝会发生蜕皮、结茧等变化，在养殖过程中，幼儿会提出一系列问题："蚕宝宝能吃什么？""蚕宝宝怎么死了？""黑黑的是什么"……这些问题的出现蕴含着很多有价值的教育内容，教师可以借此生成一系列探究蚕宝宝的自然角课程，使得自然角能充分发挥其教育价值，让班级课程的类型更加丰富、饱满。

图 5-3-22 自然角的观察探索与班级课程结合

　　总之，自然角是幼儿园教育环境的重要组成部分，也是幼儿科学学习的重要场所。教师应善于运用教育智慧，遵循儿童本位的创设原则及要求，结合班级实际情况，为幼儿量身打造自然角环境，并引导幼儿积极投身其中形成良性互动，让自然角不再囿于自然角本身，而能发挥其真正的教育价值。

第四节 户外特色区设计

　　著名教育家理查德·洛夫曾说："孩子就像需要睡眠和食物一样，需要和自然的接触。"《幼儿园工作规程》中也明确指出："创设与教育相适应的良好环境，为幼儿提供活动和表现力的机会与条件。"在幼儿园户外游戏中，各种低结构材料都能成为幼儿独一无二的"玩伴"。幼儿园要因地制宜地结合周边资源打造户外特色区，引导幼儿自发自主游戏，不断提升幼儿的创造性，促进幼儿身心健康发展。

一、设计原则

1. 趣味性原则

不同于其他区域建设有明确的建设方向与内容，户外特色区的设计要摒弃户外自然区域的传统观念，在具体的设计上需要园所管理者及团队付出耐心和智慧。随着教育观念的不断更新，"大自然、大社会都是活教材"的理念深入人心，越来越多的幼儿园开始将室内的区域活动逐渐拓展延伸至户外，将幼儿的学习与游戏融入自然教育，让环境成为幼儿的"玩伴"。户外特色区在选择上要重视趣味性，让幼儿有更多的感官体验，发展幼儿的创新、挑战能力。

2. 自然性原则

良好的户外特色区的打造能让幼儿在发现问题、解决问题的过程中不断地探索、实践，能在大自然中给予幼儿充分的自主权，能让幼儿按自己喜欢的方式学习、满足个性发展。比如，投放废旧的厨具满足幼儿角色表演的游戏需求，带幼儿到生态园中写生、做泥工。幼儿在玩中学、学中玩，回归生活、回归自然，实现快乐、自主的学习，提升自由、自主、自信的品质。

3. 多样性原则

幼儿园在户外特色区的选择上要灵活多样，满足幼儿个体发展需求。比如，幼儿园通过与社区协调，在周边空置的土地、山坡投放滑索、轮胎、竹梯等材料，建成野战区、滑草区，让幼儿有更多的感官体验，在挑战中成长，发展幼儿的平衡能力。

图 5-4-1　打造多维感官体验的自然环境

二、设计策略

1. 多样性

　　户外特色区域活动空间的设计需要体现多样化，可根据幼儿的年龄、兴趣点设计封闭的、半封闭的、开放的空间。不同的空间能满足幼儿喜欢独处或喜欢交往的不同个性发展的需求。幼儿园还可以提供能满足幼儿不同兴趣和不同表征水平需要的区域。比如，可以打造让幼儿近距离观察和探索的饲养区、能感受大自然魅力的写生区、便于体验与操作的农家乐、兼具舒适性与开放性的阅读区等。

图 5-4-2　便于幼儿近距离观察和探究的饲养区

图 5-4-3　舒适性与开放性兼具的阅读区

图 5-4-4　农家乐活动体验

图 5-4-5　在写生中体会大自然

2. 自主性

幼儿可以根据投放的材料、自主设计的活动安排，依照兴趣和需求，自主选择活动区域，自主支配操作的时间与次数。教师应凭借户外特色区域中丰富的低结构材料来不断提升幼儿的操作能力，促进幼儿创新、创造能力的发展。

图 5-4-6　利用低结构材料进行环境创设

3. 探索性

幼儿通过操作户外特色区的材料，能在自然环境区域中不断实践，如滑草时控制速度、在竹梯与轮胎结合的爬行区攀爬等，来获取直接经验。幼儿在自然环境区域的游戏中，也能充分利用空间、时间，在与材料磨合的同时进行探究式学习。

4. 安全性

幼儿园户外特色区是幼儿种植、养殖、观察的天地。幼儿是幼儿园的"主人",但由于年龄小,无法直接参与到"管理"中去,因此,为避免出现安全问题,应及时消除安全隐患。户外特色区域的定期维护工作应由专人负责,如幼儿园的保洁人员,值班老师等也可以兼职管理户外特色区域。有了定期的维护,才能保障幼儿在户外特色区内更好地游戏与学习。

三、案例分享

曾林幼儿园依据得天独厚的地理位置,打造了幼儿喜爱的"真·灵·美创意园""真·灵·美生态园"等户外特色区。在生态园中,幼儿利用充满乡土气息的青砖来造房子、搭灶头,用从农田里捡来的稻草生火烤地瓜,采金银花、挖马蹄、观察小鹅宝宝生长的全过程等;在"真·灵·美创意园"里,幼儿用棕榈进行编织、打糍粑、腌菜、腌肉等;在写生区里,幼儿在大自然里更是其乐融融,夏天的花草、昆虫,秋天的落叶、枯枝,冬天的冰霜等都是幼儿创作的最好素材。比如,在园所西操场大型户外器械旁的"长津湖战役基地",幼儿可以自主进行角色扮演,体验在激烈的"炮战"后,医护人员要抬着"伤员"到旁边的草丛里进行救护工作。

图5-4-7 回归生活、回归自然的"真·灵·美创意园"

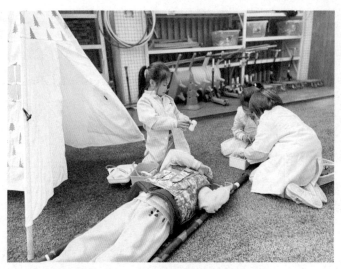

图 5-4-8　幼儿将角色游戏延伸至户外

　　为提升户外特色区域活动的教育实践效果，使幼儿在游戏中体验自然的魅力，幼儿园可运用自主游戏的活动形式开展相应的园本特色活动和生成活动，通过引导和支持幼儿户外特色区域自主游戏的有效开展，凭借户外特色环境的创设为幼儿带来多样化的感官体验和实践教育，有效培养幼儿热爱自然、珍视自然的良好品质。

温馨提示

　　种养殖区、沙水区、自然角、户外特色区的环境设计特别考验设计者亲近自然的意识、课程开发的能力和资源利用的能力。沙水区的沙区、水区设计有《托儿所、幼儿园建筑设计规范》(JGJ 39—2016)(2019 年版)为依据，但是地点、造型、选材，以及与户外玩具的有机结合等，需要设计者因地制宜，创造性地进行设计。种养殖区、自然角、户外特色区的设计主要是为幼儿提供安全、温馨、自然、健康、丰富的活动环境，满足幼儿多方面发展的需要，促进幼儿身心健康发展，提升园所内涵发展。

第六章
户外运动场地设计

学前时期是儿童生长发育和身心健康发展的重要时期。幼儿拥有健康的身体是奠定一生发展的坚实基础，加强体育锻炼是促进身体成长、智力发展最经济而有效的手段之一。"工欲善其事，必先利其器。"要保证幼儿体育锻炼的质量，关键要素之一是科学合理的幼儿园户外运动场地。当前学前教育的户外运动场地的设计和利用存在一些弊端，如重静轻动，即重视安静的学习活动，轻视体育运动，甚至一些幼儿园运动时间严重不足；重内轻外，即重视室内环境创设，轻视户外环境设施设备的配置与投放；重智轻体，聚焦幼儿园活动室里的活动，对户外运动场地和空间的关注不够。

适宜的户外活动能够满足幼儿活动的需要，有着室内活动无法替代的作用。因此，从幼儿的心理特征和行为特点出发，结合幼儿园的教育目标、儿童发展目标，优化幼儿园户外环境是创办高质量学前教育必不可少的要求。

第一节　大型户外器械

《3—6岁儿童学习与发展指南》在"健康"领域对动作发展的教育建议中倡导："开展丰富多样、适合幼儿年龄特点的各种身体活动，如走、跑、跳、攀、爬等，鼓励幼儿坚持下来，不怕累。"游戏、玩耍，是幼儿探索和学习的重要手段。在户外运动过程中，幼儿通过与运动环境和体育材料的有效、有益互动获得发展。在游戏、玩耍中，幼儿可以协调肢体动作，增强身体体质，发展社会交往，这一过程可以为幼儿提供探索世界的机会。在幼儿园的众多户外器械中，大型户外器械作为支持幼儿活动性游戏的重要载体，通过科学支持幼儿进行游戏化的运动，促进其身体素质和运动能力的提高。幼儿运动材料直接关系到幼儿游戏以及运动的品质。以全新的理念去设计支持幼儿运动的大型户外器械，不仅有助于幼儿运动能力的提升和运动心理品质的建立，还能激发其创造能力、社会交往能力、解决问题能力等的发展。在做好安全防范的前提下，户外器械的推陈出新与不断变化，能很好地满足幼儿尝试新鲜事物的需要。从幼儿长远发展来看，赋予了创新设计理念的大型户外器械具有一定的可行性，也是非常有益的。以全新的理念和儿童视角，充分利用户外器械的多功能性去设计户外活动，不但可以节约成本投入，节省户外空间，还能杜绝千篇一律、千园一面的现状，使户外运动场地更具特色。

一、设计特色与理念

1. 设计特色

（1）帮助幼儿锻炼身体各大肌肉群，促进其正常发育。

（2）展示幼儿的成长状态。幼儿在游戏中表现出的勇敢、独立、专注、阳光、健康、和谐等状态，对他们的成长发展尤为重要。

（3）创设丰富多样的游戏空间，让幼儿在真实、自然的环境支持中直接感知，助推幼儿在活动中获得直接经验。

2. 设计理念

（1）安全。安全是创设大型户外器械的最基本理念。除了保障设施、设备的安全，这里倡导的安全还包括适当给幼儿一些风险，增强幼儿的安全防范意识，提高幼儿的自我保护能力，呵护幼儿的健康成长。

（2）美观。美观是一种空间意境，能提升幼儿的审美能力。好的环境给幼儿好的学习、好的熏陶，同时也让幼儿喜欢上幼儿园。

（3）教育。大型户外器械的设计不仅要有美观性，而且要与教育目标相一致。所有的空间游戏的设置如果脱离了教育意义，其布局设计就是无用的。

设计一所好幼儿园

（4）自然。大型户外器械设计可以结合、模拟生态地形，如将木屋嵌入大树成为"天然"树屋，或将滑梯、攀爬网等器械与地形结合，使幼儿在自然、生态的环境中尽享运动和游戏的乐趣。

（5）自主。大型户外器械是为幼儿设计、创造的，应以幼儿为主体，幼儿可以任意选择玩什么、和谁玩、怎么玩，最大限度地体现幼儿的自主性。

二、设计规范

大型户外器械的设施设备的优势显而易见，不仅对幼儿大肌肉动作的发展和协调起着重要的作用，而且对培养幼儿的胆量和毅力也有很好的促进效果。幼儿之间的群体合作和社会交往也可依托它们进行。因此，在配置这些设备时，我们不仅该思考如何保证幼儿的安全，还应该更深入地研究如何促进幼儿锻炼。

1. 大型户外器械的设计要素

大型户外器械的设计包括以下几个要素：

（1）提供充足的大肌肉运动设施设备供幼儿选择使用，以唤醒和激发幼儿多种能力。

（2）规范化地使用器械，只有充分考虑各个年龄阶段幼儿的身心发展特点，才能将户外运动融入幼儿园课程体系。

（3）组织幼儿在遵守规则的前提下有序开展游戏。大型户外器械的设施设备本身就是服务于幼儿的游戏活动的。

（4）材料应精选安全耐用的材质，金属材料必须上漆并做防锈处理，木质材料需要做防开裂和防不规则断裂的处理。所有的材料表面都应进行磨光处理，做到光滑无木刺、无外露的铁钉，这是降低伤害和风险的基本要求。

（5）外部要平滑、无尖角，边缘及零配件要避免使用锋利的边缘、尖锐的形状，焊接处应光滑、稳定，凸起的部位不得超过 8mm。

（6）如果大型户外器械的高度较高，为了防止幼儿坐到危险边缘，应注意设置边界，只留一个进出口，边界离平台、梯子或斜坡表面的高度应至少70cm。

（7）扶手、栏杆是大型户外器械中必不可少的安全装置，其能够防止幼儿摔倒，并起到支撑和稳定的作用。当器械达到一定高度时需设置防护栏杆，扶手、栏杆净高应不低于1.3m，栏杆之间净距离应不大于0.09m。大型户外器械的扶手、栏杆横截面尺寸至少为16mm，但不能超过45mm，只有这样才能有效支持幼儿的抓握，帮助他们维持身体的平衡。

（8）任何一种大型器械都会占用一定的空间，为使各项游戏器械设施能够安全、高效地使用，应在其周围设置一定的安全距离。像滑梯这样的大型器械，外围2m范围内的区域为安全距离。像秋千这样的器械，则需要设置一个无障碍高度，对于3—5岁的幼儿，其无障碍高度不超过30cm，对于5—7岁的幼儿，其无障碍高度不超过50cm。

（9）幼儿园的大型器械往往存在着一定的安全隐患，在一些区域，幼儿容易摔倒磕碰，因此，缓冲区的设置十分有必要。可将缓冲区与就近的草地或与沙水区域相结合，能有效减缓大型器械的强硬性。

（10）为了避免幼儿的衣物甚至是身体被卡住，必须对大型户外设施设备的设计及规格标准做一定的规范。有些尺寸需要特地去衡量和实地勘察来确定，以此来规避幼儿在快速冲跑和攀爬时的危险。

（11）所有设施设备的每个细节都应该通过检查达到安全和环保的标准。所有可供幼儿游戏的设施设备应该牢固并且没有尖锐的边角和突出的危险区域。大型器械的底部需要有足够的可供幼儿落地的面积，一般应该有经过安全检测的地表植物、软垫或沙子等承托。

（12）大型户外设施设备应该建立健全的管理制度，定时定人进行管理和隐患排查维护。应该将这项制度落实落细，责任到人。

2. 不同类型的器械注意事项

幼儿园在设计户外大型器械时，要充分考虑到其在运动课程中的功能性。户外大型器材中的不同组合，分别发挥着不同的作用。因此，在户外大型器械的设计中应该做到种类丰富、安全牢固。

● **滑行类器械**

（1）安全标准和有效性。滑梯的坡度大小很重要，一个滑梯由起始端、主干部分和尾端三部分构成，每个部分的坡度各不相同。所有的滑梯都应设有尾端，且尾端应设计成圆形或圆弧形，起始端宽度和主干部分宽度应相同，且连接处应光滑而连续。

（2）滑梯应设有侧面保护，侧面保护在转弯处应是连续且圆润的，避免割伤。这样在为幼儿提供双手支撑的同时，也尽可能地保证幼儿不会从滑梯上坠落下来。

（3）幼儿园里的开放式滑梯主干大小为1.5m以上的，滑梯宽度应在70~95cm。这种规格能避免幼儿被卡住或侧翻受伤。如果是封闭式滑梯，宽度应不小于75cm，且严禁使用全封闭不透明管道或管筒。

（4）为了规避幼儿在滑行中挂住衣服或者卡住身体任何一个部位，滑梯的滑行部分表面应使用完整的材料。滑梯属于金属材质的，比较适宜放置于荫凉处，避免长期受到日晒。

图 6-1-1　开放式滑行类器械

图 6-1-2　封闭式滑行类器械

● **摆动类器械**

摇摆类、颠簸类运动器械有助于发展幼儿身体的动态平衡能力，但在设置上应注意安全问题，如一个承重杆上只能悬挂两个秋千，还需要注意两个秋千之间的距离，防止缠绕。所有的摆动类器械下方应有安全缓冲区，如用柔软的草地或者沙地作为缓冲区。设施周围应设置最小安全距离，使摆动时能远离障碍。

图 6-1-3　摆动类器械

● **攀爬类器械**

　　攀爬类器械作为幼儿园户外场地常见的设施之一，在幼儿运动的过程中能帮助他们强健肌肉，控制平衡，让他们通过充分的感知觉体验促进空间知觉的发展。攀爬类器械也应该符合相关的标准。如果是坚硬的攀爬设施，脚蹬和手柄处要特别留意是否已经清除表面的尖角等障碍，保障幼儿接触时是安全无隐患的。同时必须确保攀爬网绳是结实的，网绳的表面应光滑平整，缆绳应适度绷紧，避免弯曲、松开或打结。攀爬设施的所有部件应严格按照规定，采用防腐材料。

图 6-1-4　攀爬类器械

- **来回起落类器械**

以跷跷板为例，通过长板的中心位置来固定支撑在一个支架上，板的两边供人乘坐。幼儿不断蹬地起落，使得两边上下起落，以此体验游戏。

图 6-1-5　来回起落类器械

- **钻爬类器械**

利用木材或钢管等材质组合成各种奇特、可爱的造型，供幼儿在管道中钻爬。这个时候，幼儿在管道中存在着一定的视线盲区，需要教师及时关注。

图 6-1-6　钻爬类器械

- **弹跳类器械**

弹跳类器械是一种弹跳的运动工具，如蹦床、地蹦等。弹跳运动对幼儿的骨骼、肌肉、肺及血液循环系统都有很好的锻炼，可以很好地带动全身运动，调节幼儿的身体平衡，增强幼儿身体的柔韧度，从而使幼儿长得更高、更壮、更健康。

图 6-1-7　弹跳类器械

● **筑式器械**

　　各种材料的组合塑造成各种造型奇特的器械，幼儿的钻、爬、攀、跨、抓、握等能力在与器械的交互中得到发展。幼儿在与器械的交互中探索出属于自己的游戏，创造力也会得到一定的发展。

图 6-1-8　筑式器械

　　在幼儿园户外环境创设中，户外设施与游戏器械的选择与配备是非常重要的内容。多种类型、适宜的户外器械能够支持与引发幼儿更多样的活动内容，

  设计一所好幼儿园

使整个户外环境更加丰富、完善，更富吸引力，同时还能使园所户外环境的整体品质得到提升。

三、设计内容

1. 造型特征

（1）体量不大，错落有致。

（2）布局活泼，造型生动。

（3）新奇童稚，直观鲜明。

2. 立面设计

创设灵便、多样的游戏空间，让儿童在探索、玩耍中成长。空间的大小尺寸会在一定程度上影响幼儿的空间感知，设计时应从幼儿心理的特点和需求出发，让形态和空间尽量为幼儿接受。为了让儿童在游戏中学习，在学习中成长，设计者应尽可能地变化游戏空间形态。比如，海盗船采用具有童趣的形体设计，整个船身立于沙池上方，幼儿可通过阶梯或者攀爬网达到船内。船身下方有小型的秋千。船内有绳索挂篮子，可让船内的幼儿与沙池区的幼儿互动传送东西。

图6-1-9　幼儿园中的海盗船

3. 无障碍设计

游戏需要环境的支持，良好的环境设计会直接刺激并引发幼儿游戏和探索的欲望。在保证幼儿活动基本安全的同时，应对户外各区域的环境设计做整体性规划，避免幼儿在各区域间活动时相互干扰和冲突。游戏器械放置时要合理规划空间，遵循安全性原则：大型滑行类器械的前面留出一小块软地，为幼儿滑行落地后预留出缓冲的空间；大中型组合式器械的下方地面要进行软化处理，如幼儿园的海盗船设于沙坑上方，轮胎桥旁保留草坪，并且尽可能保留其松软的土质地面。以上设置都可避免幼儿落地时受到撞击和伤害。同时，所有游戏器材的材质均应严格把关，以安全、耐用为上，定期接受检查并及时维修。场地上的一些坚硬的材质也分类处理，如金属和部分锋利的表面做圆滑、软化处理，并且避免裸露在外。

图 6-1-10　保留草坪的大型器械的无障碍设计

图 6-1-11　海盗船、轮胎桥等大型器械的无障碍设计

4. 景观设计

幼儿园的景观设计应注重幼儿与空间的互动，比如，将多种攀爬器械、摆动器械与榕树相组合，形成多样化的游戏空间，丰富了幼儿的感知体验，这里也变成颇受孩子们喜爱的"天然榕树乐园"。

设计一所好幼儿园

图 6-1-12　榕树下的攀爬、摆动类器械

四、案例分享

阳光城幼儿园坐落于翔安区新店街道阳光城翡丽湾小区。园所规划建设 9 个配套教学班，于 2018 年秋季开园。全园占地面积 3149.64m²，总建筑面积 2900.05m²，绿化面积 1661.34m²，绿化率达 52.75%。

1. 设计立意

该幼儿园的建设，将"自然、自由、自主"的教育理念融入其中，致力于打造有爱、尊重与支持、像呼吸一样自然的生态式教育环境。立足于此，园所将户外大型器械的设计与教育理念相结合，简洁的自然色调与榕园绿意相互衬托，让师生共同守望"童园和谐美丽，教师自然质朴，幼儿本真灵性"的美好愿景。

2. 功能布局

为了给予幼儿完整的户外体验，并且基于对幼儿园整体布局的考虑，户外大型器械区最终落于幼儿园的后操场。幼儿园最大程度地留出空地，为幼儿的户外活动提供足够的活动空间。

3. 环境效益

在幼儿时期，儿童需掌握跑跳、钻爬、攀登等基本动作。幼儿园的大型户外器械作为支持幼儿活动性游戏的重要载体，能在活动中帮助幼儿发展各项运动能力，从而增强体质，促进大肌肉、大动作的发展。

幼儿园活动器械的摆放方式会对幼儿活动产生影响，如海盗船、轮胎桥、滑索、滑梯等大型户外器械可连在一起，方便更多幼儿共玩一套游戏设施，从而激发幼儿的游戏兴趣和社会交往意识。

图 6-1-13　户外大型器械区

4. 诗意空间

户外的建筑设施设备，其造型需具有童趣。如用幼儿熟悉的海盗船船体形象、元素和符号，通过提炼和加工，组合成充满童趣的造型。棕色的色调让整体的户外器械建筑与榕园的绿意互相映衬，创造出新颖独特的童话意境。

同时，灵活规划有限的户外场地，将空间设计原则与教育愿景相结合，将

  设计一所好幼儿园

幼儿园建设成为孩子运动、游戏的乐园。孩子在这里进行活动、探究、游戏，自然、舒适、富有挑战和趣味，快乐成长。

第二节　运动跑道

健康领域的学习与发展是幼儿园课程的重要组成部分。幼儿的发展是一个整体，其中强健的体质、协调的动作是幼儿身心健康的重要标志之一，也是其他领域学习与发展的基础。在《3—6岁儿童学习与发展指南》动作发展子领域目标中，对幼儿跑步耐力的锻炼设定了科学合理的基础目标。幼儿园在设置安全性能有保障、长度达标、数量充足、方位合理的运动跑道的同时，可根据园所条件布局，融合园所文化氛围建设，做灵动的运动跑道个性设计。

跑步是一项速度运动，跑道的材质特殊，幼儿园在设计时还应考虑周边缓冲距离、功能兼容的适宜与禁忌等诸多因素。

一、设计理念

以幼儿的身体素质为切入点，有目的地将幼儿基本动作的发展与身体素质的提高有机结合起来。在幼儿园户外运动场所设置跑道，可以引导幼儿学会正确起跑、屈膝缓冲、自然摆臂，并在获得身体平衡的基础上，追求跑的速度。幼儿在进行基本动作练习时，教师将基本动作与身体素质的提高有机结合起来，将身体素质的培养作为最终核心目标，引导幼儿通过各种跑的动作来发展力量和动作协调性，以提高身体素质。

二、设计规范

1. 适应健康教育目标

《3—6岁儿童学习与发展指南》在动作发展子领域目标"具有一定的力量和耐力"的基本要求是：3—4岁能快跑15m左右，4—5岁能快跑20m左右，5—

6岁能快跑25m左右。《基于Anybody仿真的3—6岁幼儿跑的动作发展研究》一文表明，相同年龄组内有不同的动作发展类型，分别体现在跑步时空参数方面，年龄不是唯一的分组标准，也不是最合理的分组标准。这项研究为幼儿园跑道的设计规范提供了思路。

2. 符合跑道安全性能

幼儿园的跑道采用直线跑道，长度为30m，跑道前后各留出2.5m缓冲地带，所以跑道总长35m；一条跑道的宽度通常为1m，设置4条，过宽会造成场地浪费，过窄容易在运动时产生碰撞，整个跑道的两侧需要留出1m以上的安全距离，因而跑道总宽度为6m以上。整个跑道占地面积需不小于210m²。

跑道地面材质宜软硬适度，幼儿园多采用橡胶跑道。塑胶跑道的面层材料主要是聚氨酯橡胶和三元乙丙合成橡胶，具有弹性优良、接着力强、耐磨性好、耐酸碱、耐老化、全天候、环保、阻燃、养护简单等优点。依据国际田径联合会（IAAF）标准，塑胶跑道厚度为13mm以上。塑胶跑道面层的厚度对于面层的外在特性来说是最重要的，从某种意义上说，塑胶跑道的耐久性取决于面层的厚度，特别是面层的物理损伤。那么塑胶跑道面层厚度是越厚越好吗？不是的，塑胶跑道面层的动态性能主要取决于其厚度。表面过薄，产生的力量变小，变形能力受到负面影响，幼儿运动时感到地面坚硬，没有弹性；表面太厚，幼儿会感到太软或不适应。除了跑道上部分需要加厚的区域，新建的塑胶跑道的平均厚度最小为12mm，任何地方都不能低于10mm。场地表面厚度在10~10.5mm之间的面积不得超过场地总面积的5%。

三、设计内容

1. 普通跑道

鉴于幼儿身体发育和动作发展的要求，我们建议幼儿园的跑道采用直线跑道，长度为30m，跑道的两端用数字标识各条跑道。9个班级以上的幼儿园通常设置4条跑道。幼儿园也可根据实际场地和在园幼儿数，选择配置2~6条跑道

设计一所好幼儿园

为宜。跑道方向根据实际条件，尽量按照南北向设置，避免日照直射，影响儿童运动视线。

2. 创意跑道

塑胶跑道具有色彩鲜艳的优点，有助于美化环境，提高幼儿参加运动的兴趣。使用颜色的参考因素很多，一般用纯色，多选橙红色，能激发幼儿的运动热情，同时，具有安全预警作用，毕竟跑步是一项速度运动，提示非参与者避让，留出安全范围。幼儿园也可根据户外场地的整体用色来设置跑道的颜色，比如，祥美幼儿园、鹭翔幼儿园户外场地的主色调是蓝色，蓝色跑道使整体环境场地相得益彰。有些幼儿园使用彩色跑道，寓意着彩虹般的丰富多彩；彩色跑道有利于幼儿更好地识别自己所在的跑道。

幼儿园的场地毕竟有限，户外场地也弥足珍贵，跑道作为专用的运动场地不能被占用，要充分满足幼儿大动作发展的需要。除此之外，空余的时段里，跑道也可以作为投掷区、写生区等户外游戏场地，使其得到更有效的利用。但跑道不宜作为骑行区，因为车轮与地面的摩擦会加快跑道表面的损耗。

四、案例分享

1. 山亭幼儿园

山亭幼儿园以"童沐阳光，诗意生长"为理念，充分展现了富有诗情画意的儿童乐园、师幼其乐融融的活动场景和幼儿园的文化特色。幼儿园的整体色调雅致和谐，跑道颜色以纯色的灰色调为主，标准的四条标有数字的直线跑道，配上大型器械白色的围栏、建筑物的黄墙红瓦、周围草地树木的绿色，成为活泼可爱的儿童运动的大背景，氛围和谐而不失灵动。

跑道与大型器械相邻，但又保持一定距离，且与儿童足球场相邻。设置在足球场的边缘，做到了区域活动与集体活动的分割，使场地得到有效利用。跑道两端的缓冲区和两侧的安全距离留足空间，没有放置器械，为儿童的快跑练习提供了便利条件和安全保障。

图6-2-1　山亭幼儿园的跑道

2. 海丝幼儿园

海丝幼儿园的设计理念与创设手法创新，把幼儿园室内外环境升格为一个让孩子们更加愿意走进的欢乐之家和微观世界。源自彩虹的灵感，也为孩子们创设了自然、安全、交流、互动的环境。

规格标准的跑道以绚烂的彩虹色为主，构架了一座通往梦想的桥梁。由楼前活动区的纯色地面向七彩色延伸至建筑立面，独树一帜、构建新颖的建筑表皮，激发了孩子们运动的热情，目的是让儿童身处五彩缤纷而有文化内涵的园区。环境影响幼儿的生活质量和水平，户外大面积绿化与纯色地面基础上点缀的彩虹，在不破坏园区环境整体美感的同时，也起到了点化的作用。

原彩虹跑道只能供幼儿竞技、奔跑，缺点是功能单一，日照时间长时，幼儿没有休息处。优化改造后形成具有开放、多元、自由、和美特色的"彩虹跑道"，成为探索性的儿童游戏场所。幼儿园不应给幼儿提供一个过度加工的精致环境，而应尽可能保持环境的自然生态，比如，幼儿园的跑道两侧以紫藤、百香果、八月炸（学名三叶木通）等藤蔓植物来代替高结构布艺、塑料钢化棚顶等；通过环境改造增加幼儿参与种植、劳作、观察的乐趣，融入科探艺术传声筒，融合园所地域特点（陈塘回民建筑元素），在跑道两侧种植处融入板凳作为休息和

图6-2-2　海丝幼儿园的彩虹跑道（改造后）

储物空间。优化后的彩虹跑道集遮阴、运动、休闲、娱乐、文化艺术、科探为一体，将户外游戏环境的层次性与整体性统一，将户外游戏环境的动态性与可持续性结合，并且注重了幼儿与环境的双向互动。开放、多元、自由、和美，彩虹跑道通过环境支持幼儿的发展。

3. 金域幼儿园、鹭翔幼儿园

幼儿园标准的四条跑道需要210m² 以上规整、方正的场地，并与整体环境相融合、不突兀，跑道各自发挥功能，不相互影响，在适当的时候能发挥其他微运动和游戏等功能。金域幼儿园在与大型组合器械、沙水区相邻处有一块面积规整的地块，纵向为南北朝向，为跑道的理想之地。鹭翔幼儿园户外面积虽然非常大，但是在大集体运动中无法分割出面积不小于210m² 的跑道，并且户外场地的长边为东西朝向，不适合设置跑道。因此，鹭翔幼儿园因地制宜在围墙边的种植区内侧，根据场地的实际面积设置了两条跑道，长度标准，缓冲区足够，安全距离适当。所以，虽然跑道有其规范的要求，但在特殊条件的制约下，幼儿园可以调整思路，最大限度地提供标准化的快跑环境，以满足幼儿身体发育的运动要求。

图6-2-3 金域幼儿园的跑道

图6-2-4 鹭翔幼儿园的跑道

金域幼儿园的户外运动场地硬化地面部分为纯蓝色，跑道与环境协调，符合幼儿园整体设计，不另作个性化处理。鹭翔幼儿园以厦航生活区为依托，以艺术为特色，幼儿园室内外环境主色调为清新淡雅的浅蓝色，寓意着在鹭翔幼儿园这个充满艺术元素的蓝色世界，自由翱翔。

图6-2-5 幼儿在蓝色跑道上奔跑

第三节 骑行区

广西师范大学的侯莉敏教授在《幼儿园活动区空间环境的设计与布置》中关于"儿童需要怎样的空间环境",提出幼儿最喜欢地方的特点之一是可以满足丰富的感官。幼儿园良好环境的表现形态为安全、童趣、充满学习的机会,幼儿在其中活动可以获得大量的经验。

《3—6岁儿童学习与发展指南》指出,幼儿园要"开展丰富多样、适合幼儿年龄特点的各种身体活动""发展幼儿动作的协调性和灵活性"。对于幼儿来说,骑行是他们日常生活中广泛接触且喜欢的一项活动,也是重要的户外活动之一,但目前很多幼儿园并没有配备基础性的骑行区,造成幼儿教育工作在这一方面缺失。也有部分幼儿园认识到骑行活动开展的重要性,发现它能够调动幼儿的户外活动参与兴趣,实现对幼儿腿部肌肉、身体平衡性等多个方面的提升与调动。目前,越来越多的幼儿园开始加强对户外骑行区在创设上的关注度,从硬件条件与软件指导这两个方面着手进行完善。幼儿园户外骑行区在创设过程中需要保持充足的空间,这样才能让幼儿尽情享受骑行的愉悦。

在幼儿园户外骑行区创设的过程中,必须要考虑后期活动的开设需求。比如,为了调动骑行活动的生动性与趣味性,教师可能会开设一些具有竞争性的活动,这就需要提前布置好骑行的车道,并且安排好通行门、隧道等辅助器械。另外,为了保证骑行活动开展难度有递增性,幼儿园还需要考虑过道、弯道等的设置情况,创设交通警察角色等情节。这也为户外骑行区增添了更多有趣的元素,使得区域的细节得到进一步优化。

一、设计特色与理念

1. 设计特色

(1)幼儿园户外场地空间规划合理,骑行区的创设保持充足的空间,因地制宜,让幼儿尽情享受骑行的愉悦。

（2）将自然环境结合课程设置，引入幼儿参与到活动中来；整个空间为开放式设计，即安全又独立，能鼓励幼儿对空间的积极探索。

2. 设计理念

（1）自然：营造与自然共生的户外活动空间，让幼儿在健康成长的同时也能感知大自然的奇妙。重视幼儿的天性，营造环境的自然性，让运动的探险精神瞬间迸发。

（2）自由：量身制定幼儿骑行的路线和环境，让骑行区充满趣味性、科学性、社会性等，组织不同年龄、不同能力的幼儿游戏，使幼儿在混龄中相互交往、相互合作，相互学习、相互指导，培养幼儿良好的社会行为和丰富的社交策略。

（3）自主：支持幼儿进行有益探索，提供学习的机会，幼儿在其中活动可以获得大量的经验，启发思考，提高想象力和创造力。

（4）多元：改善原有地形，保证多样性；关注设计细节，融合自然生态、人文生态、社会生态。

（5）安全：确保游戏安全。提高微地形互动性，设计"活"地形。幼儿在环境中不会遭受物质和精神上的伤害，环境中的物品不会对幼儿造成人身伤害，环境中的他人也不会对幼儿造成身体和心理伤害。

（6）生活：幼儿园的环境建设应当因地制宜。环境布置的材料来自生活和大自然，环境布置的方式要符合幼儿的生理和心理特点，贴近幼儿的生活。

3. 特色设计的原则

（1）结合园所建筑风格。

（2）展现特色办园理念。

（3）参与式互动，与课程结合。

（4）空间规划合理。

（5）建设对幼儿安全友好的环境。

  设计一所好幼儿园

二、设计规范

根据《幼儿园安全友好环境建设指南（试行）》的相关规范进行设计。

1. 室外活动场地

室外活动场地既要保障幼儿活动时的安全，又要方便幼儿锻炼体魄、认识自然。场地整体布局合理，有适合幼儿活动的硬化场地、软质地、绿化区、玩具区、沙地、种植区等。

室外的各类场地（土丘、草地、沙地、砖地等）应向所有的幼儿开放。平均每班的户外游戏活动场地应不小于 60m²。

2. 室外设施设备

（1）有足够的大肌肉活动设备让幼儿使用，以激发幼儿多种能力。

（2）设备的所有部分都需通过检查，符合安全、环保的要求。游戏设备稳固且无尖锐边角或突出处。在设备的下方要为幼儿准备充足的落地面积，且覆盖有通过安全鉴定的地表植物、沙子或软垫等。

（3）室外设施摆设合理有序，保持整洁。健全设备管理制度，设有专人管理和维护，定期检查设施设备的使用状况，及时排除安全隐患。

三、设计内容

《幼儿园活动区空间环境的设计与布置》中提出，"孩子需要的环境是：让孩子们的身体得到锻炼是很重要的一个部分，孩子们需要一个空间可以让他们跑来跑去，爬上爬下，互相接触，从而认识到身体的局限，通过学习提高身体的协调性，孩子们应该在这样的环境下学习成长。"骑行区的设计也是如此，我们聚焦幼儿户外骑行区受到密切关注的三个方面：骑行路线、游戏材料和情境创设。

1. 骑行路线

《3—6 岁儿童学习与发展指南》指出："幼儿思维发展以具体形象思维为主，

应引导幼儿通过直接感知、亲身体验和实际操作进行科学学习"。骑行的路线不仅要体现骑行的趣味性，还要满足不同能力的幼儿进行多层次的挑战。幼儿在骑行中能发现问题、思考问题、解决问题，对探索中的发现感到兴奋和满足。

2. 游戏材料

幼儿园骑行区里的材料不能单一，这很容易使幼儿在学习操作了一段时间之后，对这种骑行工具不感兴趣。幼儿园应该多引入不同类型的骑行工具，包括载人的三轮车、载货的三轮车、普通两轮的自行车、滑板车、扭扭车等，让幼儿根据自己的能力、爱好等选择相应的骑行工具，并为后期设计安排各类活动做好充分的准备。幼儿园还需为不同年龄段的幼儿提供相应的辅助材料。

3. 游戏情境

苏霍姆林斯基说："儿童是用形象、色彩、声音来思维的"。在幼儿园的教学中，由于幼儿的心理还没有完全成熟，所以很多活动会以角色扮演、游戏场景、游戏等方式来达成学习目标。骑行区中情境的创设可以让幼儿通过亲身体验，了解各种交通法规和安全知识。这种认知，与课堂上集体教学活动中获得的认知具有截然不同的意义。

四、案例分享

在阳光城幼儿园的骑行区里，围绕整座教学楼设置了贯通园区的"骑行专用道"，路线里面有上坡、下坡、转弯、平路等。在下坡区和转弯处增加了减速带，训练幼儿控制骑车的能力；在平行路段处，增加了快速区域，锻炼幼儿腿部的力量。利用自贴纸扩大赛道，增加十字路口、三岔路口等，骑行路径变得多样，幼儿可以自主选择骑行路径。在骑行路线中设置障碍关卡，如障碍绕行、过山洞、坡道冲刺，增加了趣味性。

根据大班幼儿的年龄特点，可提供一定的辅助器械，如不同难度的爬道、木质单边桥、"S"形路面、限宽门、绕障碍等，幼儿在骑行过程中可自主探索不一样的玩法。

在骑行路线中画出行车线、斑马线，整条线路上设置了餐厅站、南门站、画廊站、停车场等多个站点，各个相关地点张贴了"禁止鸣笛""小心行人""请走人行道""禁止超载"等多种交通安全标志。"违反"交通规则的孩子有实习锻炼的机会，通过做交通劝导员、参加交通学习班等学会遵守交通规则。这些方式让幼儿在自行车专用道上愉快地骑行。

图 6-3-1　创意挑战性骑行道

图 6-3-2　创意路障骑行道　　　　　　图 6-3-3　坡度骑行道

图 6-3-4　障碍门骑行道

图 6-3-5 "S"形路面骑行道

　　各幼儿园可根据自己园所的实际情况和园所特色，创设出有特色的、风格各异的骑行区域。幼儿从室内走向户外、从小空间走向大自然、从封闭走向开放，体能和认知能力得到更大发展。在这一过程中，打破了班级、年龄的限制，为幼儿提供了自由交往、自主合作的机会，让幼儿的语言表达、解决问题等综合能力也不断得到提高。

第四节　特色活动区

　　幼儿园在常规必备户外活动场地设计的基础上，通过研精覃思，巧用自然环境，为幼儿创造更多接触自然、学习自然、运动身心的机会。在陈鹤琴先生等教育家"活教育"理念的引导下，儿童为本、保教并重的基本设计理念与规范指标为幼儿园"量体裁衣"、创设户外运动环境提供了理论和实践依据。在功能叠加上，足球场、手球场、民间体育游戏场、野战区、游乐区等实际案例，有效开阔了幼儿园的户外运动场地设置视野。

一、设计理念

1. 儿童为本

　　儿童的健康发展离不开一个健康的外在环境，著名心理学家皮亚杰认为，儿童心理是在内因与外因相互作用中不断产生量和质的变化。幼儿通过游戏来学习和感知世界，与自然环境的亲密接触对其世界观的形成具有重要作用。户外活动在理论上与室内活动同等重要，但空间与设施却常常得不到优先考虑。相关的规范对幼儿的户外空间和基本健康安全要素有所规定，但没有对户外空间的开发适宜度和总体质量做出规定。

幼儿早期所接受的教育和所接触的户外环境对其成长起着重要作用。陈鹤琴先生指出：创造各种环境和条件，多让儿童接触大自然和大社会，多观察、多活动，扩大他们的眼界。但随着社会文明的发展，幼儿越来越缺乏户外生活空间和户外运动量，舒适的生活环境使幼儿失去了许多应有的锻炼机会。我们需要从多个方面、多个角度来创设幼儿园的户外环境，结合实际状况和幼儿园的独特性，来设计对幼儿身心发育具有扶持、激励性的环境空间。比如，用独木桥帮助幼儿找到平衡统合能力，用滑梯帮助幼儿找回触觉统合能力，这些对幼儿良好感觉统合的形成极为有益。基于体验和活动的学习方式是非常有效的，幼儿对环境的反应更为直接、活跃。空间质量越高，教师越有可能对幼儿采取理智、友善的态度，鼓励他们自选，引导他们觉知自我和开发自我。因此，幼儿园户外环境规划是一个游戏和学习环境的设计，一个符合幼儿兴趣的"乐园"的设计，一个满足幼儿需要的一系列场所的设计，这需要设计者站在幼儿的角度，因地制宜，为他们创造生态、多样且有趣的整体环境。这样的环境为幼儿成长所带来的效果，远非几个兴趣班所能比拟的。

2. 保教并重

6岁以下儿童的生理心理特征和保教活动的独特方式决定了托幼机构必须满足儿童的特殊使用要求，其设计目标区别于其他类型的环境设计，要充分表达"童心"的特点，力求做到净化、美化、绿化、儿童化。综合考虑以下因素。

（1）量体裁衣。量体裁衣即满足幼儿的生理和心理特点。从户外每个角落可利用的运动、活动场地与整体布局，到活动的细节，都要考虑到幼儿的"尺度"特点，使幼儿园的室外环境真正成为儿童的乐园。在视觉、色彩搭配等方面，选用幼儿乐于接受的形象和色彩，符合幼儿的心理需求。

（2）作息有规。作息有规即满足幼儿的生活规律要求。幼儿睡眠时间长，运动时太阳已经升起。考虑夏天的下午相对炎热，幼儿户外运动场地尽可能为南北朝向，东西面有建筑物遮阳或者树荫遮挡，避免幼儿运动时长时间暴晒。

（3）安全卫生。幼儿身体机能尚未发育完全，行动较不灵敏，防护能力弱，抵抗力差，易感染，且好奇心强又好动。因此，在户外运动场地设计时要特别注意安全问题，并注意环境安静、卫生、无污染，为幼儿创造舒适、安全的活动环境。

（4）保育呵护。幼儿园有着一日生活中常规固定的工作秩序和完备的规章制度，确保在活动前器械、场地安全隐患排查到位，活动中安全防护，运动量与强度调控到位，活动后组织收放器材、物品，放松肌肉等。

二、设计规范

1. 面积指标

对幼儿园的室外活动场地，《托儿所、幼儿园建筑设计规范》（JGJ 39—2016）（2019 年版）中规定，幼儿园每班应设专用室外活动场地，人均面积不小于 $2m^2$；幼儿园应设全园共用活动场地，人均面积不应小于 $2m^2$；共用活动场地应设置游戏器械、沙坑、30m 跑道等，宜设水深不超过 0.3m 的戏水池。

地面的铺装材料有草坪与铺面两种，为了保障幼儿的安全和幼儿与大自然接触的需要，铺装材料以草坪为主，草坪与铺面的比例一般为 1.5：1～2：1。铺地面的材料常见的有人工草皮、塑胶地面等，材料要求为不起灰尘、有弹性，不宜太光滑。活动场地中应有三分之一到二分之一的开放空间不带任何设备，幼儿园如人数多，应适当增加空地的比例。

活动场地应适应于多种游戏的需要。幼儿园户外活动场地包含各种游戏活动所需的场地，在保证人均面积不小于 $2m^2$ 的基础上，应保障幼儿常进行的集体游戏的场地面积。以幼儿经常进行的集体游戏——拉圈游戏为例：一个班级的幼儿（35 名左右）两臂伸平，长度平均为 1.1m，手指间距为 0.1m，围合成的圆的直径约为 13m，圆圈的外侧应有 2m 左右的缓冲距离，这样大致需要一个完整的大于 $289m^2$ 的游戏场地。当然，幼儿园还会组织各种各样的游戏，比如根据场地情况，幼儿园游戏场地还可设为椭圆形，椭圆形长轴为 35m，短周围 17m，面积则需要 467m² 以上。建议以具体组织的游戏所需面积为准，面积宜大不宜小。幼儿园集体游戏还需要一组直线 30m 的跑道，面积约为 210m²。

当幼儿园用地面积紧张时，可将集体游戏场地与直线跑道重叠设计，这样可节省用地面积。当幼儿园规模大于 6 个班时，场地应至少设置一条跑道和容纳两个班级同时集中游戏场地所需。

2. 场地划分

● 公共场地

公共活动场地是供全幼儿园幼儿集体游戏及大型活动使用的室外活动场地。在公共活动场地上一般可开展捉迷藏、拉圈做游戏、赛跑、体操、球类等体育活动和固定游戏器械活动；也可以开展班级运动比赛、年级组合游戏、全园性集会、节假日文艺演出等活动。

公共活动场地由集体游戏场、固定器械活动、沙土游戏、戏水游戏、游戏墙以及组合游戏等场地组成，规模大、有条件的幼儿园还应设置游泳池和配套的更衣、淋浴等设施。

● 班级场地

（1）并列式：班级活动场地与单元活动室相接，成为活动室的室外延伸。活动室与活动场地贯穿为一体，使用方便，并可以获得良好的日照。这类班级活动场地之间利用绿篱、栏杆、矮墙、玩具等分隔，便于保教人员管理。

（2）分枝式：班级活动场地随单元活动室呈枝状布局，自然分布于半封闭的建筑院内空间中。班级活动室与活动场地自然衔接，使用方便。这类班级活动场地的独立性好，班级之间互不干扰，且安静、通风，缺点是冬季阴影较多。

（3）集中式：班级活动场地集中布置于建筑南部或端部。班级活动场地与活动室之间没有直接的联系。设计时应注意避免交通流线的交叉干扰，同时，场地应有一定的分隔和独立性。

（4）分散式：班级活动场地结合幼儿活动单元的布局分散布置。班级活动场地分散布局，适合班级较多、占地面积大的托幼建筑。这类班级活动场地的独立性强、相互干扰少，易满足分区、朝向、通风等要求；缺点是占地大，场地之间联系不方便。

3. 围墙与周边环境

对于整个幼儿园来说，围墙把幼儿园与外界环境分隔开来，对幼儿园的环境起到保护的作用，防止外人等的干扰。在环境条件较好的情况下，可设置具有通透性的围墙，或是封闭、半封闭半通透或完全通透的围墙。

幼儿不仅对自身所在的环境抱有极大的兴趣，同时对外部环境也显出极大的热情，可以使用通透的围栏保持幼儿园内外的视觉通透。围栏的高度应保证在 1.2m 以上且不易攀爬，以保证安全。围栏旁边还可以种植无刺的攀爬植物，既可以丰富园内的景观，又可以遮挡园外不佳的环境。如果幼儿园周边环境优美，如紧邻公园、社区绿地等，采用通透的围栏可以使视觉连续，增加开阔感。

三、案例分享

除了固定的大型器械攀爬区，公共活动场地还可以叠加其他功能，如利用草坪和铺面地创设足球场、手球场、民间体育游戏场、野战场等。

1. 野战体验

曾林幼儿园野战区依托课程，以"长津湖"为主题带领幼儿逐步进行环境创设，园内设有碉堡、坦克兵团、军营、救助站等场地。幼儿通过"两军对战"，不断完成各种任务，逐步增强体质，培养坚强的意志品质和爱国主义情感。

图 6-4-1　野战区"对战"游戏　　　　图 6-4-2　野战区救治"伤员"

  设计一所好幼儿园

祥美幼儿园、滨海幼儿园的教师充分利用地形和所有材料，搭建野战的地形，吸引幼儿兴趣。整体环境有野战区的氛围，如在两个架子中间设立滑索、平衡木等，并且根据幼儿的年龄特点设计了几个大小不一、坡度不同的山坡。大山坡的斜度对小班来说有难度，对大班来说却是满足刺激感，可增加攀爬难度的趣味区。在山坡间还搭建了一座小桥，底下的小洞更是成为幼儿游戏的保护区。在草坪和山坡上，幼儿可自由组合摆放轮胎来攀爬和游戏，并且投放多个耐用结实的滚筒供幼儿游戏。

图6-4-3　祥美幼儿园野战区　　　　　　图6-4-4　滨海幼儿园野战区

自然界蕴藏着极其丰富的资源，亲近大自然、融入大自然的户外环境有利于幼儿自由探索、接受挑战，在探索中亲近自然，逐渐将自然环境变成游戏乐园。许厝幼儿园因幼儿园户外面积较小，在得到社区拨款后租赁了一片木棉树林，通过场地清理，设置了轮胎、绳网等器材，将其打造成幼儿的户外野战场。为了防止木棉树的刺划伤幼儿，每学期开学前教师们就解开缠绕树的"棉被"，将刺进行剔除，保证幼儿的活动安全。通过上下山坡、爬网等设计，提升幼儿在野战区域的腿部肌肉的发展。

图6-4-5 野战区设置不同器材　　　　　图6-4-6 野战区设置绳网

2. 民间体育游戏

曾林幼儿园充分利用社区资源，在南操场投放"跑帝"、竹竿操、翔安教育集团舞、跳皮筋、踩高跷等民间游戏所需的材料，让民间体育游戏真正走进幼儿园，走近幼儿。

图6-4-7 跳竹竿　　　　　　　　图6-4-8 "跑帝"

海翼幼儿园挖掘翔安区本土资源非物质文化遗产"宋江阵"文化，在入园长廊上"排兵布阵"，提供木质的仿真兵器、锣鼓、军旗，还邀请当地"宋江阵"武术传承人，带领儿童习武、列阵，深受孩子们的喜欢。这项民间体育游

  设计一所好幼儿园

戏不仅让幼儿强身健体，而且让他们领略了中华传统武术精神的魅力。

图6-4-9　海滨幼儿园的"宋江阵"

3. 幼儿足球

翔安教育集团成功申报了十所全国足球特色幼儿园，各园根据园所实际创设标准儿童足球场。比如，阳光城幼儿园分别于中庭和南操场设有足球、手球、曲棍球等特色球类活动，幼儿可根据自己的意愿选择感兴趣的球类进行锻炼。幼儿园让幼儿有更多的机会接触不同的球类运动，增强积极向上、敢于拼搏的良好品质。

图6-4-10　足球场

4. 安吉游戏

许多幼儿园学习、借鉴安吉游戏，充分尊重与释放幼儿天性。幼儿园可以合理利用场地，支持幼儿发挥想象力、分工合作，引导幼儿使用推车、安吉木梯、各种型号滚筒、木桩等材料，自由组合进行挑战性运动，综合发展走、跑、跳、钻、爬、攀、投掷、平衡等动作，提升幼儿的灵敏度、速度、力量和耐力。

图6-4-11　安吉游戏区

5. 周边园林

有些幼儿园周边有着特殊的地理资源，如公园、草场等，幼儿园通过合理、充分地利用，办起没有"围墙"的幼儿园，使有限的运动场地得到扩充。实际上，被利用的园外场地也要排除隐患，给幼儿提供安全的环境。比如，吕塘幼儿园附近有古松、榕园，幼儿园将此得天独厚的"宝地"规划出适合幼儿运动、游戏的范围，做了适当的围栏处理，给孩子们创造了一个新奇的活动天地。

图6-4-12　吕塘幼儿园的榕园草场

  设计一所好幼儿园

户外体育运动不仅保证了幼儿的身体健康，更能让幼儿养成健康、阳光、有质量的生活方式。幼儿园要利用好户外的场地，开展正式的或非正式的户外体育活动。幼儿每天的户外活动时间要达两个小时以上，充足的时间需要充足的场地和设施设备来保障，真正让坐在教室里的儿童走向户外。合理的空间设计和设施设备创造更多的选择机会和运动类型。幼儿在运动的同时，自然地从思想上构建体育健身的意识，从小热爱运动、热爱生命。总之，幼儿园户外运动场地和设施设备，应本着以儿童发展为本的原则，着眼于幼儿的终身发展，从不同年龄阶段幼儿的现实需要出发，通过设计、修建、改造、改建，为幼儿营造材料丰富、内容多样、气氛融洽的阳光户外运动场地，以促进幼儿身心健康成长。

温馨提示

在创设与幼儿学习和发展相适应的户外运动环境时，要考虑的第一要素就是幼儿的兴趣与需要。从儿童本位的角度，聆听幼儿对户外运动环境的创想和需求，允许和鼓励他们参与环境的共想与共建。我们看到，已经有越来越多的幼儿园管理者具备了这样人文的儿童观，也看到了越来越多幼儿作为主体参与环境创设的痕迹。此外，为环境"留有余地"，切忌"做满"，要为幼儿留下可以让他们因需要而生发环境的可能性，多提供素材类玩具而非成品类高结构材料，便于幼儿一物多玩，充分发挥想象力。

后　记

　　2017 年，第一批四所崭新的农村幼儿园交付厦门市翔安教育集团办学。此后，每年都有 3~4 所幼儿园开办。每一所幼儿园都要经过设计、装修、采购等一系列繁琐的筹建工作。一方面，随着生育政策的调整，以及国家对学前教育的重视，新建幼儿园的需求量增加；另一方面，年轻的园长们大多没有经历过园所的筹建，对园所筹建存在畏难情绪和困惑。因此，园长们很希望能有一本幼儿园空间设计的指导书做参考。虽然市面上也有类似的图书，但很难满足园长们的需求。在此背景下，集团领导和园长们萌生出创作这么一本书的想法，希望能为后续筹建幼儿园提供参考的范本，还能为各地新办幼儿园的园长们提供参考。

　　有了五年创办幼儿园经验的积累，又有各区一些新办幼儿园筹建者到集团考察时，对集团筹建的一所所各具特色的幼儿园产生了兴趣，进行了指导，经验奠定基础，认同激发信心，园长们也就接受了一起创作设计一所好幼儿园的"任务"。

　　创作过程是一个辛苦的过程，但又是超越自我的过程。参与创作的园长们一起购书查阅资料，研讨各种规范和标准的实施细则，探讨本书的框架和写作风格。同时，集团统一协调，向各园征集幼儿园空间设计相关的案例，组织各章节的主要撰稿人，统一写作标准。经过大半年的创作，各章节已俱雏形，再经过几轮打磨，特别是各章节的交叉审阅、修订，本书于 2023 年 9 月基本完稿。

感谢时任翔安区副区长程明，在集团创办第三年时，她就希望集团能为新办幼儿园的设计提供一些经验，也一直关注本书的创作过程。

感谢翔安教育局先后三位局长林佳跃、郑彦、陈慧琳，以及教育局的其他领导，他们对集团幼儿园规划建设和后期的内部空间设计利用提供了许多宝贵的经验和有益的指导，就连园所名称也费心斟酌、参与讨论。

感谢翔安区教育局各职能部门，特别是教育科、教师进修学校和事务受理中心的专业指导。

翔安教育集团的创办离不开厦门市教育局的支持和指导。每年开学之初，市局都派领导到集团视察，关心集团幼儿园的创办建设情况。市教科院领导，特别是幼教教研员每学期都到集团新办幼儿园视察，指导规范办园，帮助集团幼儿园明确方向、走上正轨。

翔安教育局与福建幼儿师范高等专科学校签订战略合作协议，集团也与福建幼儿高等专科附属第一幼儿园、第二幼儿园建立了良好的合作关系，这些学校、园所的老师们也为本书的撰写提出了宝贵意见。

厦门市各区，特别是翔安区公办幼儿园园长在对翔安教育集团新园所的开办和日常业务指导中，给予了许多宝贵的建议，使我们在不断改进完善中获得许多灵感和经验。

感谢参与创作的集团同仁，他们在完成本职工作的同时，还要挤出时间完成承担的撰写任务。在完成此书创作的同时，相信他们也获得了更多的经验，拓宽了视野，带动了专业的发展。

本书能为幼儿园园长们打开一扇窗、提供一些灵感，但限于作者创作水平的局限性，尚有许多不足，敬请指正。

图书在版编目（CIP）数据

设计一所好幼儿园：幼儿园空间设计攻略 / 吴启建主编；许运庆，黄小立副主编.
—上海：华东师范大学出版社，2024
ISBN 978-7-5760-4862-9

I. ①设 ... Ⅱ. ①吴 ... ②许 ... ③黄 ... Ⅲ. ①幼儿园—建筑设计 Ⅳ. ① TU244.1

中国国家版本馆 CIP 数据核字（2024）第 063696 号

大夏书系 ┃ 全国幼儿教师培训用书

设计一所好幼儿园——幼儿园空间设计攻略

主 编	吴启建
策划编辑	朱永通
责任编辑	薛菲菲
责任校对	杨 坤
装帧设计	奇文云海·设计顾问

出版发行	华东师范大学出版社
社 址	上海市中山北路 3663 号 邮编 200062
网 址	www.ecnupress.com.cn
电 话	021-60821666 行政传真 021-62572105
客服电话	021-62865537
邮购电话	021-62869887
地 址	上海市中山北路 3663 号华东师范大学校内先锋路口
网 店	http://hdsdcbs.tmall.com/

印 刷 者	北京博海升彩色印刷有限公司
开 本	700×1000 16 开
印 张	13.5
字 数	206 千字
版 次	2024 年 4 月第一版
印 次	2024 年 4 月第一次
印 数	6 100
书 号	ISBN 978-7-5760-4862-9
定 价	68.00 元

出 版 人 王 焰

（如发现本版图书有印订质量问题，请寄回本社市场部调换或电话 021-62865537 联系）